미래 건설산업의 넥스트노멀 '스마트 건설'

진경호
한국건설기술연구원

박승국
대한건설정책연구원

1장 건설과 스마트의 융합 '스마트 건설기술'	**6**
2장 건설인이 그려나가는 스마트건설	**26**

3장 시장이 알려주는 스마트건설의 현재와 미래	**54**
4장 스마트 건설, 상상에서 현실로	**72**
각주	**92**
참고문헌	**93**

건설과 스마트의 융합
'스마트 건설기술'

스마트 건설, 4차 산업혁명 기술과의 융합을 말한다

'스마트 건설기술'은 건축·토목·플랜트 등의 건설과정에 사용되어 온 전통적인 건설기술에 4차 산업혁명 기술인 ICT(정보통신기술), 빅데이터, 로봇, 드론, BIM(3D 디지털 모델링, Building Information Modeling), 사물인터넷(IoT), 등과 같은 첨단기술이 융합되어 건설 현장에 적용되는 기술을 의미한다. 건설 단계별 통합 및 시공 시 공종 간의 정보단절을 없애 생산방식의 혁명과 새로운 가치를 창출하는 것이 목적이다.

스마트 건설기술은 기획·설계·시공·유지관리 등 다양한 건설사업의 수행단계별로 4차 산업혁명 기술과 융합하여 현재의 전통적인 인력·경험 의존적 산업에서 지식·첨단산업으로 건설산업의 패러다임을 혁신적으로 전환시킬 수 있는 기술이다.

기획·설계 단계에서는 기존 2차원 기반의 반복 작업을 통한 설계도면에서 3차원 데이터 기반의 시뮬레이션으로 가상공간에서 최적설계를 수행함과 동시에 설계 단계에서부터 시공과 운영을 고려한 통합적인 계획 및 관리활동이 이루어질 수 있다. 또 시공 단계에서는 장비 자동화와 지능화 기술을 활용하여 비숙련 인력도 다양한 센서 및 소프트웨어의 도움을 받아 고난도의 현장작업이 가능해진다. 이와 함께 현장상황에 영향을 받지 않고 건축물과 시설물의 일부 및 부재를 공장에서 제작하여 현장에서 시공하는 것도 가능하다. 유지관리 단계에서는 시설물 정보를 실시간으로 수집하고 다양한 스마트 기술을 활용하여 과학적이고 객관적인 시설물의 상태와 성능에 대한 분석활동을 통하여 시설물의 안전도 및 이용자의 편의를 높일 수 있다.

스마트 건설기술을 좀 더 쉽게 설명하자면 '자재를 나르고 지게차를 운전할 사람이 필요 없는, 사람의 자리를 로봇이나 드론 등 지능화·자동화된 장비가 대체하는 기술'이라고 말할 수 있다.

스마트 건설기술을 어떻게 정의할 수 있을까? 국토부의 「스마트 건설기술 현장 적용 가이드라인」에서는 스마트 건설기술을 "공사기간 단축, 인력투입 절감, 현장안전 제고 등을 목적으로 전통적인 건설기술에 ICT 등 첨단 스마트 기술을 적용함으로써 건설공사의 생산성·안전성·품질 등을 향상시키고, 건설공사 전 단계의 디지털화·자동화·공장제작 등을 통한 건설산업의 발전을 목적으로 개발된 공법·장비·시스템 등을 의미한다"라고 정의하고 있다. 스마트 건설기술을 좀 더 압축적으로 설명하면, '건설공사 전 단계의 건설기술에 첨단기술을 적용 및 융합하여 생산성·품질·현장안전성·유지관리성 등을 향상시키고, 건설산업 발전의 기여도가 높은 공법·장비·시스템 등을 말한다'라고 정의할 수 있을 것이다.

4차 산업혁명이 건설을 노크하다

4차 산업혁명은 ICT 기술과 각종 산업 분야가 융합되는 모습으로, 조용하지만 빠른 속도로 우리에게 다가오고 있다. 이러한 패러다임의 변화에 건설산업이 뒤처지게 되면 국내 기업들의 성장과 글로벌 경쟁력이 약화될 수 있다. 반대로 4차 산업혁명이라는 시대의 변화에 적절히 대응하여 혁신을 이루어낼 수 있다면, SOC 투자 및 주택건설 경기의 변동으로 인해 부침을 겪고 있는 국내 건설산업은 새로운 성장동력을 창출하여 지속적으로 성장할 기회를 갖게 될 것이다.

4차 산업혁명에 의한 디지털 전환이 이루어진 산업은 다음과 같은 방향으로 새로운 경제체계, 사회적 변혁, 기업의 생산방식 및 비즈니스 모델, 소비제품과 행태, 유통구조, 산업구조, 정부의 역할 등에 이르기까지 광범위한 변화를 몰고 올 것으로 예측된다.[1]

- [비대면화] 사람을 통하지 않고도 모든 활동이 가능하도록 가상공간의 장터를 뜻하는 '디지털 플랫폼' 구축 활성화
- [탈경계화] 산업 간 경계가 무너져 기존의 산업 구분이 무의미해지고 업종 사이의 융합이 빈번해짐
- [초맞춤화] 빅데이터와 AI 기술을 활용하여 소비자의 기호와 성향을 완전히 충족(개인별 맞춤형 마케팅, 제품종류의 다양화)
- [서비스화] 단순한 제품 판매를 넘어 제품과 서비스를 완전히 통합해 더 나은 가치를 창출(새로운 수익모델 창출)
- [실시간화] 데이터를 입력하면 지연 없이 즉시 결과를 확인할 수 있는 작업방식으로 변화(스마트공장: 생산기술+ICT기술, 스마트건설: 설계기술+ICT기술)

건설산업에서 4차 산업혁명에 대응하기 위해 그동안 우리 정부는 다양한 정책을 발표해 오고 있다. 2017년 12월 국토교통부는 제6차「건설기술진흥 기본계획」을 통해 국내 건설산업의 문제점으로 '건설기술의 근본적 변화 미흡'과 건설산업의 '신성장동력 부재'를 꼽았다. 건설기술의 근본적 변화 측면에서는 '기술개

발의 부족 및 기술력 중심의 평가에 대한 체감도 저조'와 '지속적인 안전사고 발생'을 꼽았다. 또 건설산업의 신성장동력 발굴 측면으로는 '엔지니어링 분야에서의 젊은 우수 기술자 부족'과 '국제기준과 상이한 발주제도 등으로 인한 기업의 해외진출 역량 저하'를 문제점으로 도출하였다.

이에 따라 대통령 직속 4차 산업혁명위원회는 스마트시티 정책 로드맵을 심도 있게 검토한 끝에 2018년 1월 「스마트시티 추진전략」을 발표하였다. 이를 통해 스마트시티를 플랫폼으로 한 자율주행차·스마트에너지·인공지능AI 등 4차 산업혁명의 다양한 미래기술이 집적 구현되도록 하고, 데이터 기반 스마트도시 운영으로 도시문제 해결과 신산업 창출을 지원할 계획이다.

스마트 건설기술이 현재 일부 현장에서 사용되고 있지만, 스마트 건설기술을 위한 건설 기준이나 품질검사 기준 등이 없는 데다 민간 주도의 스마트 건설기술 도입에는 한계가 있을 수밖에 없다. 이에 국토교통부에서는 2018년 10월 스마트 건설기술 로드맵을 발표하고, 스마트 건설기술 개발사업을 통해 총 4개 중점 분야(12개 세부과제)의 단계별 발전목표를 정한 후 이를 추진하고 있다. 설계 단계에서는 'BIM 기반 스마트 설계', 시공 단계에서는 '건설기계 자동화 및 관제'와 '공정 및 현장관리 고도화', 유지관리 단계에서는 '시설물 점검·진단 자동화'와 '디지털 트윈 기반 유지관리'를 목표로 하고 있다. 이와 함께 2025년 스마트 건설기술 활용기반을 구축하고 2030년 건설 자동화 완성을 목표로 세웠다. 국토부와 한국도로공사는 스마트 건설기술의 개발 및 상용화를 위해 총 2,050억 원이 투자되는 「도로 실증을 통한 스마트 건설기술 개발사업」을 2020년부터 2025년까지 수행할 계획이다.

　건설산업은 다양한 이해관계자가 참여하는 매우 복합적이고 집약적인 산업으로, 고용유발 효과가 크고 국가산업 전반에 큰 영향을 미친다. 이렇듯 아주 중요한 산업이지만, 생산성은 다른 산업에 비해 낮은 편이다. 건설 생산 과정에는 수많은 전문가의 경험과 지식이 요구되며, 하나의 건설 프로젝트를 완성하는 데까지 소요되는 비용과 기간이 매우 크기 때문에 다른 산업 분야보다도 생산성의 혁신이 더욱 요구되는 분야이다. 또한 온실가스 및 에너지의 효율적 사용, 초고령화 사회로의 진입, 도시 및 주거환경 문제 등 사회 전반적인 경제적·환경적 문제를 해소하기 위해서는 4차 산업혁명과 관련된 핵심 첨단기술들을 효율적으로 건설산업에 접목하는 것이 필요하다.

　건설산업의 투자는 높은 고용유발 효과, 생산유발 효과, 부가가치 창출 효과로 인해 세계 여러 나라에서 경제성장과 일자리 창출을 위한 주요 수단으로 활용되고 있다. 4차 산업혁명 기술이 융합된 고도화·지능화된 도시기반 시설 확충은 생산적 복지를 위한 투자이며 국민 삶의 질을 결정하는 사회안전망이라고 할 수 있다. 더불어 건설 생산 프로세스의 혁신은 건설산업 경쟁력의 핵심 요소이다.

건설산업 프레임워크의 혁신 방향

세계경제포럼World Economic Forum은 2016년 건설산업의 미래전망 보고서를 통해 기업·산업·정부 차원의 건설산업 혁신 프레임워크를 다음과 같이 제시하였다. 우선 기업 차원에서는 기술과

Actors — (Future) Best practices

Company level

2.1 Technology, materials and tools
- 진화된 건축자재와 마감재
- 표준화, 모듈화, 사전제작된 구조물
- 자동/반자동 건설 장비
- 새로운 건설 기술 (예) 3D프린팅
- 스마트 및 라이프사이클에 최적화된 장비
- 가치사슬기반의 디지털기술과 빅데이터 적용

2.2 Processes and operations
- 현장에 맞춰 비용을 고려한 설계 및 프로젝트 계획
- 상호 위험이 균형적으로 배분된 혁신적인 계약 모델
- 프로젝트 관리를 위한 적절한 공동 프레임워크
- 협력업체 및 공급업체 관리 강화
- 린(Lean)개념의 안전한 공사 관리 및 모니터링(범위, 시간, 비용)
- 엄격한 프로젝트 운영

2.3 Strategy and business model innovation
- 차별화된 비즈니스 모델 및 적정한 통합 및 파트너십
- 최적의 라이프 사이클 가치를 지닌 지속 가능한 제품
- 규모를 키우기 위한 국제화 전략

2.4 People, organization and culture
- 전략적 인력 계획, 현명한 고용, 강화된 유지
- 지속적인 교육 및 지식 관리
- 고성과 조직, 문화 및 인센티브 제도

Sector level

3.1 Industry collaboration
- 업계 표준에 대한 상호 동의
- 더 많은 데이터 교환, 벤치마킹 및 최우수 사례 공유
- 가치사슬을 통한 산업간 협력

3.2 Joint industry marketing
- 채용마케팅에 대한 업체자원의 협력
- 시민사회와의 의사소통
- 공공부문과의 효과적 상호작용

Government

4.1 Regulation and policies
- 개선된 건축법규, 표준 및 효율적인 인허가절차
- 글로벌화사업 및 중소기업에 대한 시장개방
- R&D 및 기술도입과 교육을 위한 자금 조달지원
- 투명성과 반부패

4.2 Public procurement
- 적극적인 관리 및 단계별 프로젝트 자금조달 관리
- 기준의 엄격한 이행
- 혁신 친화적이고 전체 사업생애주기 지향적인 조달

건설산업 혁신 프레임워크
출처: World Economic Forum, 2016. 1.[2]

건설재료·도구의 혁신, 절차 및 운영의 혁신, 전략 및 사업모델의 혁신, 인력·조직·문화적 혁신을 중심으로 전략을 제시하였다. 또 산업 차원에서는 '타 산업과의 협력 및 공동 마케팅'을, 정부 차원에서는 '정책 및 규제의 개선'과 '혁신적인 조달체계의 구축' 등을 제안하였다.

이와 함께 기업 차원의 혁신 초기에는 4차 산업혁명 관련 요소기술인 IT기술 표준화와 빅데이터 적용, 사전제작 생산 시스템의 채택, 공급사슬관리 중심의 프로세스, 비즈니스 모델 혁신 등을 강조하고 있다. 또한 산업 차원에서는 혁신 기술에 관한 업계 표준의 상호 동의와 가치사슬에 따른 산업 간 협력의 필요성을 강조하였으며, 정부 차원에서의 규제 개혁 외에 R&D 및 기술도입과 지원의 역할을 강조하고 있다.

이 밖에 건설산업 가치사슬에서 다양한 디지털 첨단기술들의 적용을 혁신과 변화의 핵심으로 보고 있으며, 빅데이터 분석과 가상현실을 이용한 시뮬레이션 그리고 모바일 인터페이스와 증강현실 등을 이용한 설계·시공·운영의 디지털 혁신 강화를 제시하고 있다. 소프트웨어 플랫폼과 디지털 통합 측면에서는 유비쿼터스, 3D 프린팅, 무인항공기(드론), 매립 센서 등의 디지털 기술을 적용하여 건설 프로세스의 혁신에 도움을 줄 것으로 예상하고 있다.

세계경제포럼의 건설산업 혁신 프레임워크는 4차 산업혁명 시대에 건설산업이 나아갈 방향을 제시해 주고 있다. 이미 자동차 등의 제조업 분야는 혁신적인 변화를 통하여 디지털화를 겪고 있으며, 건설산업도 이러한 변화를 얼마나 적극적이고 효율적으로 수용하는가에 따라서 새로운 시장의 창출과 기업의 생존 및 발전 여부가 달려 있다고 할 수 있다.

스마트 건설기술로 건설산업의 디지털 전환에 도전해야

건설산업은 과거 국가의 기간산업으로 한국이 고도성장하는 데 중추적 역할을 수행하여 왔다. 국내 건설투자는 1970년대를 거쳐 1980년대와 1990년대 중반까지 고도성장하였으며, 1990년대 후반부터 정체기를 겪다 2017년까지 회복되었으나 이후 하락세를 보이고 있다.

건설투자는 1980~1990년 동안 GDP 성장률(10%)을 상회하며 연평균 12.5%의 높은 성장세를 보였으나 1998년 외환위기(△13.2%)로 정체기를 겪었다. 하지만 이내 회복기를 거치며 성장하던 건설투자는 2008년 금융위기와 이후 유로존 재정위기 등을 겪으며 다시 주춤하였다. 민간 주택경기가 회복되었던 2017년에는 282조 9,000억 원을 기록하고, 2018년부터 하락하였다.

건설투자가 GDP에서 차지하는 비중을 살펴보면 1991년 29.5%를 정점으로 점차 감소하다가 2017년 16.1%까지 증가하였으나 2019년에는 14.2%를 기록하였다. 건설산업의 국민경제성장 기여도는 1980년대 1.7%p에서 최근에는 0.4%p로 하락하고 있다. 하지만 4차 산업혁명이라는 시대의 변화에 적절히 대응하여 스마트 건설기술로 건설산업의 혁신을 이루어 낸다면, 건설산업은 차세대 국가성장동력으로 다시 자리매김하게 될 것이다.

건설산업은 건축물 및 시설물의 개발을 통하여 가치 형성이 실제로 발생하는 산업으로, 이를 통해 다른 모든 산업에 광범위하게 영향을 미친다. 경제, 환경 및 문명 전반에 걸쳐 미치는 영향도 크다. 다른 산업군들과 달리 건설산업은 일반적으로 기술 발전이 더뎌 왔다. 결과적으로 건설산업의 발전은 불충분하였으며 지난 수십 년간 거의 평탄하게 유지되었다. 건설산업은 인력과 장비를 자동화하기가 아주 어려워 경험을 바탕으로 특정 기술과 특정 기량에 크게 의존하는 산업이기 때문이다.

건설산업은 지난 50년간 생산성이 하락한 거의 유일한 산업 분야로 볼 수 있다. 미국의 경우 지난 50년간 건설을 제외한 비농업 분야의 생산성은 연평균 1.9%씩 증가하였지만 건설 부문의 노동 생산성 증가율은 연평균 -0.4%이며, 1960년대 후반부터 감소추세에 있다.

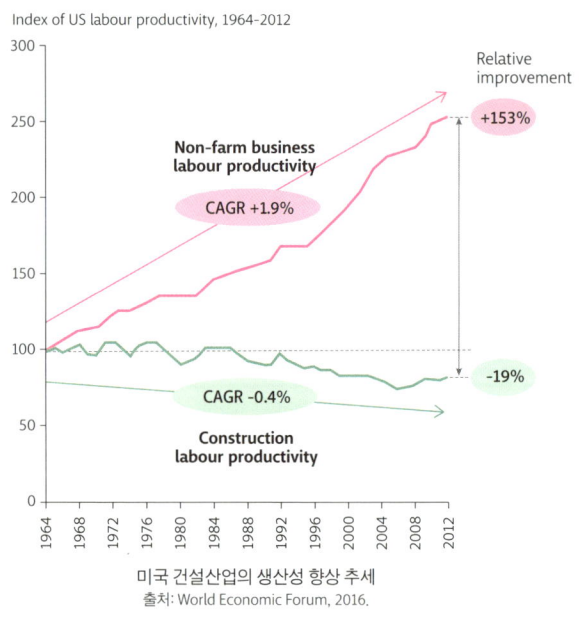

미국 건설산업의 생산성 향상 추세
출처: World Economic Forum, 2016.

시간이 흐를수록 생산성 격차는 다른 산업과 다르게 급격하게 벌어지고 있는 추세인데, 그 원인 중 하나는 건설산업이 전체 산업 중 디지털화 부분에 있어 꼴찌 수준에 머물러 있다는 것에서 찾을 수 있다. 정보통신과 제조 등 디지털화 수준이 높은 산업일수록 생산성 증가율이 높게 나타난다. 즉 디지털화 수준과 산업 생산성 사이에는 양의 상관관계가 존재한다. 건설산업과 디지털 혁신의 상관관계는 0.79이며, 디지털화가 1% 진전될 때 생산성은 0.81% 증가하는 것으로 분석되고 있다.

국내 건설산업의 경우 매킨지 글로벌 연구소의 자료에 의하면 지난 20년간 경제성장률과 경제규모에 대비한 건설산업의 노동생산성이 조사 대상 국가 41개국 중 40위로 타 산업에 비해 매우 뒤처진 것으로 보고되고 있다.

다른 대부분의 산업은 지난 수십 년 동안 자동화 및 IT 기술에 의한 정보화 혁명으로 상당한 수준의 생산성 향상을 이뤘지만, 건설 시공 및 엔지니어링 부문은 일부 자동화가 이루어졌을

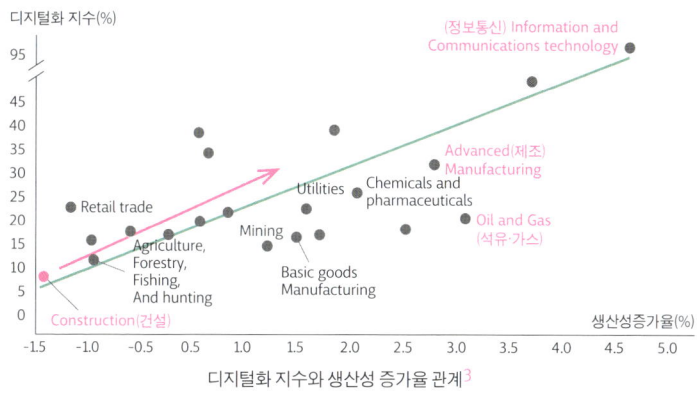

디지털화 지수와 생산성 증가율 관계[3]

뿐 기존 생산방식에서 크게 벗어나지 못하고 있다. 이는 다양한 형태의 건설현장 생산조건과 복잡한 생산방식, 기술 인력의 노령화, 표준화된 지식체계 구축의 어려움 등에 기인한다고 볼 수 있다.

또한 건설 생산성이 증가하지 않는 원인으로는 첨단기술의 개발 및 적용이 건설 프로젝트의 단기성과에 큰 영향을 주지 않는 점, 건설생산 체계상 표준화의 어려움, 프로젝트 모니터링을 통한 데이터 수집의 어려움, 설계사·시공사와 자재 및 장비 업자 등이 장기적으로 협력관계를 유지하기 어려운 조달구조, 보수적인 건설산업의 문화에 첨단기술과 인재의 도입이 어려운 점 등을 꼽을 수 있다.

건설산업이 낮은 생산성을 보이는 주요 요인을 한마디로 표현한다면 산업의 디지털화가 뒤떨어져 있기 때문이다. 따라서 스마트 건설기술의 활용에 의한 건설산업의 디지털 전환은 선택이 아닌 필수적이라고 할 수 있다.

건설산업은 디지털 트랜스포메이션DX 시대의 경계에 직면해 있다. 4차 산업혁명의 등장으로 건설산업도 스마트 건설기술의 개발에 앞장서는 등 큰 변화가 일어나고 있다. 이는 건설산업을 디지털 산업으로 전환시켜 발전을 이끌 것이다. 지속적인 노동시장의 축소가 진행되고 있는 가운데 스마트 건설기술 활용에 의해 어떻게 건설생산 업무의 개선을 실현할 것인지는 업계 전체의 최대 화두 중 하나라고 할 수 있다.

스마트 건설기술의 장점 중 가장 먼저 떠오르는 것은 바로 인력의 한계를 극복할 수 있다는 점이다. 기존의 건설산업은 인력의 비중이 커 인력과 그 경험에 의존할 수밖에 없었다. 하지만 드론·로보틱스·BIM 등 첨단기술을 만난 스마트 건설에서는 인력과 경험 의존성을 줄일 수 있어 당연히 생산성이 높아지게 되며, 생산성뿐만 아니라 시공현장의 안전성도 보장된다.

고용노동부의 산업재해사고 사망자 추이(2012~2018년)를 살펴보면, 산재사고 사망자 추이는 점차 소폭 감소하고 있다. 하지만 건설업 산재 사망자 추이는 감소세가 전혀 보이지 않는다. 전통적인 건설 생산방식을 개선하지 않는 한 건설현장의 안전성을 보장할 수 없다. 그리고 건설산업의 안전사고 개선에 대한 변화가 없을 경우 일자리 창출과 청년층 신규 진입 등에 한계를 나타낼 수밖에 없다.

따라서 사물인터넷IoT·BIM·드론·로보틱스·가상현실 등의 첨단기술을 접목한 실시간 스마트 안전관리 플랫폼 구축, 스마트 태그를 이용한 작업자와 장비의 안전관리, 지능형 CCTV를 활용한 현장 위험구역출입 감지 시스템 등을 활용하여 건설 안전관리의 디지털 전환을 이루어야만 다른 산업에 비해 취약한 건설산업

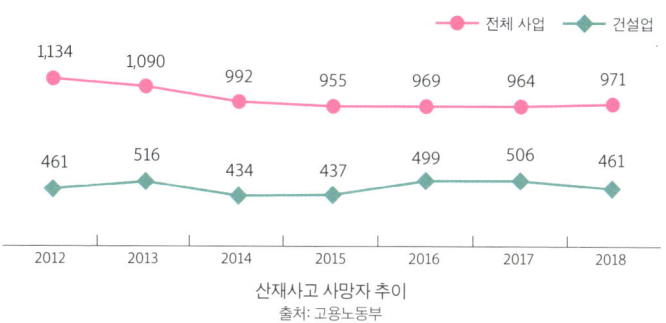

산재사고 사망자 추이
출처: 고용노동부

의 안전성이 개선될 수 있다. 그렇게 건설산업의 생산성과 안전성이 나아진다면 자연히 건설산업의 경쟁력도 높아질 것이다.

스마트 건설기술에 의한 건설산업의 디지털 전환을 통해 신시장과 새로운 가치 창출도 꿈꿀 수 있다. 건설 밸류체인 전반의 스마트 혁신을 통해 스마트시티, 스마트 팩토리, 스마트 설계·시공·유지관리 등 '스마트X' 시장이 발굴되고 창출됨으로써 건설수요자 니즈 충족은 물론 국민 삶의 질 향상에 기여할 수 있다.

건설산업은 단위 프로젝트의 기간이 길고 비용이 비교적 커서 다른 산업 분야보다 많은 가치를 창출할 수 있는 분야이다. 이 같은 건설산업의 생산성을 높이고 새로운 건설상품과 서비스 제공을 통해 사회적·경제적·환경적 문제를 해결하기 위해서는 인공지능·사물인터넷·로봇기술 등과 같은 4차 산업혁명의 핵심 기술들을 효율적으로 접목하여 새로운 스마트 건설기술을 개발하고 활용도를 높이는 것이 필요하다.

스마트 건설산업의 미래 모습

스마트 건설기술은 분산화 및 파편화된 건설산업의 생산체계를 통합 및 융합 형태로 진화시키고, 건설시장은 단일 상품의 도급 사업에서 시장을 창출할 수 있는 복합 상품이 대세가 되는 시장으로 전환될 전망이다.

스마트 건설기술은 구조공학, 지반공학, 수공학 등 건설이 가진 고유한 원천기술 자체의 변화보다는 스마트 기술의 적용으로 인한 활용 방식과 절차 및 환경을 변화시킬 것이다. 아울러 건설산업을 기존 경험 의존적 산업에서 스마트 기술이 융합된 지식·첨단산업으로 탈바꿈시켜 업무 생산성 향상, 원가 절감 및 공기 단축, 건설인력의 양질화가 가능해지며 건설 공종 및 기술 융합화를 통한 생산방식의 통합과 건설현장의 탈현장화를 견인하게 될 것이다.

건설산업의 주도기술은 하드웨어 기반의 '보이는 기술(시공기술)'에서 소프트웨어 기반의 '보이지 않는 기술(기획, 설계, 관리 등)'로 전환된다.

설계자와 엔지니어는 스마트 도구로서 BIM을 활용하여 3차원 가상공간에서 최적설계 기법으로 프로젝트를 계획하고 일정을 최적화하여 설계 단계에서 건설사업의 운영을 통합관리하게 될 것이며, 건설기업은 스마트 앱을 통하여 현장을 모니터링하고 건설자재를 주문할 수 있게 될 것이다.

시공방식은 현장에서 콘크리트를 타설하여 양생하는 습식공사on-site 방식에서 부재와 시설물의 일부를 공장에서 제조하여 현장에서 시공하는 건식공사off-site 방식으로 전환된다. 탈현장화OSC, Off-Site Construction와 프리패브리케이션 등으로 인하여 현장에서의 시공보다는 기획·설계·관리의 중요성이 더욱 커지게 된다. 공사관리 방식은 현장에 필요한 공정표·시방서·종이도면 등이 BIM과 VR 기술로 대체될 것이며, 측량장비나 육안검측의 모습은 사라지고 드론과 GPS 기술을 활용한 검사·검측과 토공량 산정 등이 보편화된다. 이러한 시공방식의 스마트화는 건설현장의 생산성을 획기적으로 향상시킬 것으로 기대되고 있다.

기업의 조직은 보고회·의사결정 등을 위한 집단·집합·응집 형태에서 가상공간(홀로그램, VR, AR)에서의 비대면·분산공유

	기존 건설산업	디지털 건설산업
생산체계	• 생산체계의 분산 및 파편화 • 업종 단순화 및 분업화	• 생산체계의 통합과 융합화 • 업종 통합 및 기술의 융합화
시장	• 경제인프라 중심 기반시설 구축 • 현장 중심의 전통산업(근로시간 9to5)	• 사회인프라 중심 스마트시설 공급 • 디지털 기반 스마트산업(off-site, 24th 가동)
기업	• 경영자&경상 조직중심 노동 • 신축(신규) 투자 중심	• 사업조직 중심 • 스마트 유지보수 투자 중점
인력	• 장비중심의 노동집약 • 기능인, 임시직 위주 양적 고용 중심	• 모듈화, 자동화 등 기술중심 • 운전자(operator), 기술기반 질적 고용

스마트건설산업의 미래

	현재의 인프라 (Infrastructrue 1.0)	지능화된 인프라 (Infrastructure 3.0)
목표	사고대응(Reactive) • 단순 모니터링 기반 고장탐지와 원격관리로 문제 발생시 대응	사전대응(Proactive) • 고장을 사전에 예측하고, 예방정비를 통해 수명연장 및 사고방지
운영방식	경험에 의존한 관리·예측 • 이상 데이터 관측 시 사람이 직접 시설물 검사 후 경고	데이터 기반 유지관리 • 인공지능 의사결정모델을 활용하여 사람의 직접적인 개입을 최소화
파급효과	단기간의 제한적 영향 중앙집중식 자원투입	광범위한 혁신 유발 • 신사업과 신수요 창출 • 연관 산업의 지속가능한 고용 창출

스마트건설 인프라의 미래

	설계·엔지니어링	시공	운영·유지보수
패러다임 변화	• 2D 설계 • 3D 설계 • 단계별 분절 • 전 단계융합	• 현장생산 • 모듈화, 제조업화 • 인력의존 • 자동화, 현장관제	• 정보단절 • 정보피드백 • 현장방문 • 원격제어 • 주관적 • 과학적 • 사후대처 • 사전대응
적용 기술	3D 홀로그램 기술기반 설계 BIM 기반 설계 자동화 EPC 통합설계 디지털 측량 및 모델 구현(드론) 3D 프린팅 기반 프로토타입 수행	증강현실 기반 현장 시공 지원 시공 로봇 활용 건설 기계장비 원격 제어 및 자동화 시뮬레이션 기반 공사 계획 수립 3D 프린팅 기반 자동건축기술	증강현실 기반 스마트 유지관리와 보수 드론을 활용한 시설물 모니터링 BIM 기반 시설물 실시간 모니터링
적용 효과	• 실시간 공유로 소통 확대, 디지털 협업 증가	• 원가와 공기절감 가능	• 미래 예측기법 도입으로 추가비용 최소화

스마트 건설기술의 미래

의 형태로 팀워크가 이루어진다.

　기능인력의 역할과 직무역량은 한 분야에서 고도의 숙련된 기능을 보유한 인력에서 다공종 통합 시공이 가능한 다기능의 역할을 하는 오퍼레이터operator로 변하게 될 것이다. 기능인력의 원격교육이 보편화될 것이며, 해외 전문가들에게 원격으로 교육을 받을 수 있는 기회도 늘어날 것으로 기대된다.

　해외 건설사업에서도 필요한 인력을 현장이라는 물리적 공간으로 이동시키는 종전의 방식이 아니라 원격·비대면·가상공간의 방식으로 사업의 진행에 필요한 서비스를 제공하게 될 것이다.

　시설물 정보를 실시간 수집하여 빅데이터를 통해 객관적·과학적 분석에 의한 유지관리가 가능하게 된 지능형 인프라는 혁신 성장의 플랫폼으로서 건설 연관 산업의 혁신을 유발하고 신사업과 신수요를 창출하여 지속가능한 고용 창출 가능이 가능해진다.

　건설현장의 재해는 탈현장화와 지능형 안전대응 시스템의 보편화를 통하여 산업의 안전성이 증대될 것이다.

　지난 10년간 BIM과 같은 기술 혁신의 도입으로 현장 노동의 생산성 향상과 프로젝트 관리 감독 강화 등 건설산업의 스마트 건설 수요가 증가하고 있다. 글로벌 컨설팅 기업인 Ernst&Young에서 발행한 보고서에 따르면, IT 및 소프트웨어 회사들은 건설 산업의 디지털화에 대한 니즈를 파악하고 건설 프로세스에 적합한 솔루션을 개발 및 확장하고 있다. OECD, McKinsey, BCG 등은 디지털화와 생산성의 높은 상관관계에 주목하여 스마트 건설 기술의 적용은 공기단축·비용절감·재해감소와 부가가치 증가 등 긍정적 파급효과를 유발할 것으로 전망하며, 스마트 혁신을 강조하고 있다.

스마트 건설기술은 다양한 건설 분야의 성장을 견인하고 있으며, 스마트 건설기술에 의해 10년 내에 건설 생애주기 전반에 소요되는 연간 비용의 12~20%를 절감하는 효과가 있을 것으로 예측되고 있다. 건설산업의 디지털 전환이 가속화되면 종합건설업은 기술의 선도를 위해서 디지털 협업과 기술 M&A를 적극 주도하게 될 것이며, 건설 생산의 역할을 직접 하고 있는 전문건설

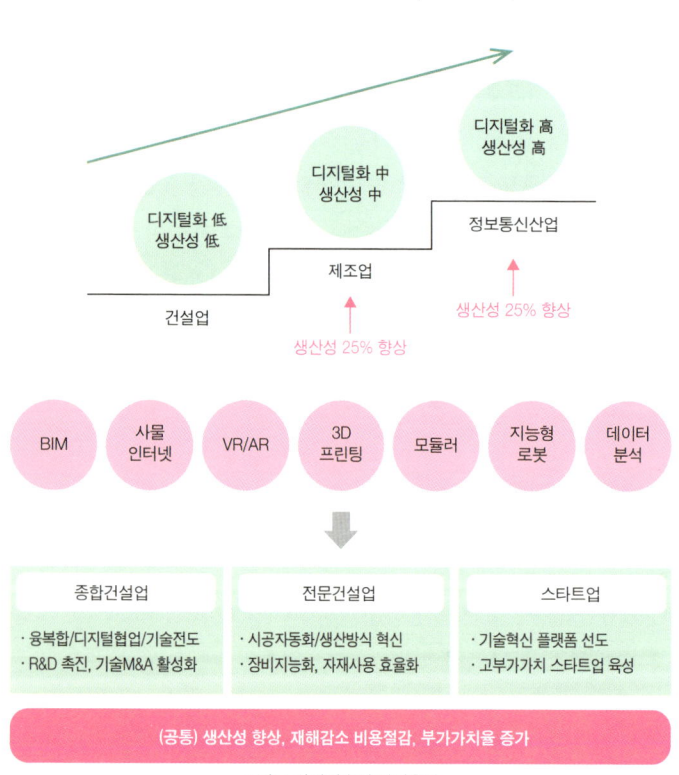

스마트 건설기술의 기대효과

업은 시공방식의 자동화와 건설 부재의 공장화에 더욱 힘을 쏟게 될 것이다. 또한 기술혁신을 선도하는 고부가가치의 첨단기술을 보유한 스타트업 기업도 탄생하게 될 것이다.

건설산업의 디지털 혁신 수준을 제조업 수준까지 끌어올리면 생산성이 최대 25% 증가할 것으로 분석되고 있으며, 그간 낮은 생산성을 감안하면 Catch up effect로 최대 생산성 30% 향상도 가능할 것으로 판단된다.

스마트 건설기술의 활성화와 건설 고용의 관계는 다양한 이론과 상충된 견해가 존재하나, 스마트건설 혁신이 양질의 일자리를 증가시킨다는 것에는 대부분 동의하고 있다. 건설 밸류체인에 있어 양질의 새로운 일자리를 창출할 것으로 예상되며, 관련 전·후방 산업에도 긍정적인 파급효과를 미칠 것으로 기대된다. 생산성, 시공품질, 안전사고율 등 전반적인 부문에서 기존 한계를 혁신적으로 개선시킬 것으로 전망되고 있다.

스마트 건설기술이 건설생산 전 단계에 활성화된다면 사업 발굴 및 개발단계(시장분석과 전망, 상품설계, 수익성 설계, 금융설계), 사업 기획 및 조달 단계에서는 양질의 일자리가 증가할 것으로 판단된다. 다만 설계 및 시공단계와 유지관리 단계(시설운영 기술, 유지관리 기술)에서는 자동화·지능화에 의해 현장 인력이 일부 감소할 것이다. 좋은 일자리 창출은 건설산업을 디지털 기반 산업으로 탈바꿈 시키는 기초가 될 것이며, 이는 좋은 인력의 참여를 더욱 유도시켜 선순환적인 역할을 하게 될 것이다.

건설인이 그려나가는 스마트건설

BIM, 플랫폼에 도전한다

BIM이란 Building Information Modeling의 약자로 3차원 정보모델을 기반으로 건축물의 모든 형상과 속성 등을 정보로 표현한 디지털 모형을 뜻한다.

BIM을 활용함으로써 기존 설계회사에서 사용하는 2차원 도면을 입체화하여 모델링을 할 수 있다. 특히 기획, 설계·시공, 유지관리 단계 등 건축물의 생애주기에 걸쳐 발생하는 모든 건설사업 정보의 통합관리가 가능해진다. 이를 통해 공사 착수 전 설계상의 오류부터 공사 착수 이후 낭비요소와 발생 가능한 여러 문제를 최소화함으로써 설계 품질 및 생산성 향상, 시공오차 최소화, 체계적인 유지관리 등이 이루어질 수 있다.

또한 시공 과정에서 필요한 대량의 데이터를 설계자, 엔지니어, 현장 인력 및 발주자 등 다양한 건설사업 관계자들과 개방적으로 공유할 수 있어 모든 이해관계자들이 효과적으로 협업할 수 있다. BIM이 제공하는 이 같은 효과는 2D 도면을 중심으로 프로젝트 진행 시 빈번하게 발생하던 정보교류와 관련된 문제들을 해결해 준다.

BIM은 기본적으로 x·y·z 좌표 기반의 3차원 모델링으로서 너비·높이·깊이의 3차원으로 시공대상 시설물의 형상정보만을 표현한다. Object-oriented & Parametric modeling은 시설물의 형상정보와 재료·규격·물량 등의 속성정보가 포함된다. 4차원 모델링은 시간의 개념이 포함된 것으로 건설 프로젝트의 각 시공단계 모습을 시뮬레이션을 통해 시각화 분석이 가능하다. 5차원 모델링은 비용 산정이 가능하도록 추가된 것으로 시공단계 시뮬레이선과 건설 프로젝트 단계별 물량 정보를 이용하여 자동 견적이 가능하다. 6차원 모델링은 5차원 모델링에 조달 및 구매가 포함된 개념이며, 7차원 모델링은 6차원 모델링에 유지보수가 가능한 시설관리 응용 프로그램이 포함된 개념이다. 최근에는 인공지능 AI, 증강현실·가상현실AR·VR, 클라우드, 빅데이터 및 사물인터넷 IoT 기술 등과 결합하여 BIM의 활용성이 높아지고 있다.

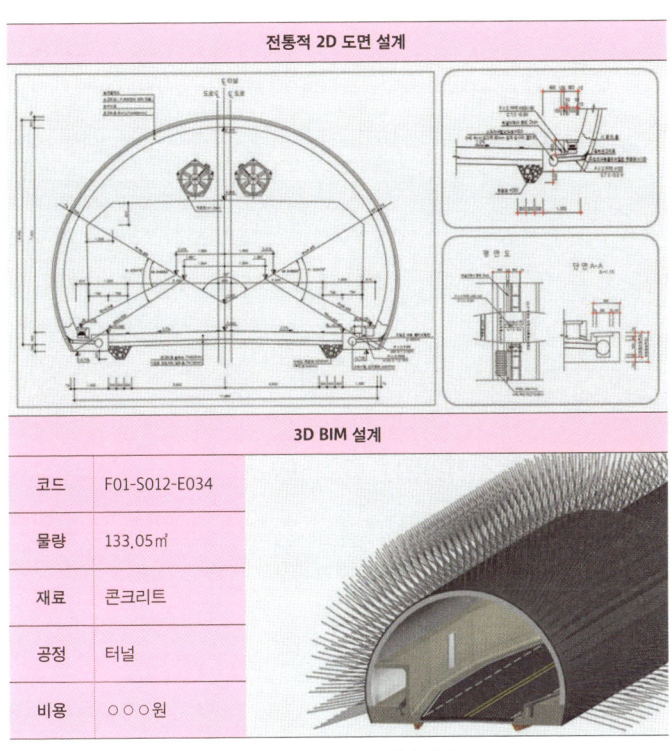

BIM을 활용한 터널의 3차원 설계
출처: 국토부 보도자료(2020년), 건설산업의 전면 BIM 도입, 본격 추진

미국·영국·싱가포르 등 BIM 기술 선진화에 앞장서고 있는 국가들은 BIM 확산 초기부터 건설 프로세스 전반에 BIM을 적극 적용해 왔다. 미국은 2007년부터 국가 BIM 표준NBIMS을 제정해 BIM 적용을 정부에서 주도적으로 관리하고 있다. 이를 통해 건설 프로젝트 설계 과정의 효율화는 물론 기반산업인 철골 구조물 산업의 생산성을 높이고 있다. 영국의 경우 국가적으로 BIM 의무화 정책을 시행하고 있으며, 이에 대한 가이드라인이 명확하다. 또한 2018년 이후 정부 예산으로 진행하는 모든 프로젝트는 BIM을 활용해야 한다는 의무사항을 적용하고 있다. 싱가포르 건설청BCA은 건축물 표준정보의 중앙 저장소CORENET를 만들어 세계 최초로 BIM 전자 제출을 시작(2008년)하여 2013년부터 건축면적 2만㎡ 이상인 건축물의 의장 부분에 BIM의 사용을 의무화하였고, 2015년부터 5,000㎡ 이상 프로젝트의 BIM 전자 제출을 의무화하고 있다.

BIM 시장의 성장요소는 도시화, 인프라 사업의 증가 및 BIM 채택에 관한 정부의 의무화, 기업의 BIM 활용도 증가 등이다. 이러한 점을 고려해 글로벌 시장분석기관인 마켓 앤드 마켓에서는 BIM 시장이 2020년 이후 연평균 14.5%씩 성장하여 2025년에는 92억 달러(약 10조 6,628억 원) 규모로 성장할 것으로 예상하고 있다.[4]

글로벌 BIM 시장의 성장과 선진 각국의 적극적인 BIM 활용 의무화 도입에 따라 우리 정부도 2025년 BIM 설계 기반을 구축하고, 2030년 스마트 건축 서비스의 완전 구현을 목표로 하고 있다. 서울주택도시공사(SH공사)는 산·학·연·관 융·복합 자문단을 구성하여 2021년에는 BIM 운영지침 및 가이드라인을 수립하고, 2022년까지 스마트 건설기술과 연계한 뒤 2023년부터 BIM 전면 설계 시행을 추진할 계획이다.

드론이 그려나가는 건설

드론은 무인 항공기Unmanned Aerial Vehicle, UAV 혹은 Unmanned Aerial System, UAS 또는 원격조종 항공기Remote Piloted Aircraft System, RPAS 로 정의될 수 있다. 항공안전법 및 동법 시행규칙에서는 무인동력 비행장치를 '연료의 중량을 제외한 자체중량이 150kg 이하인 무인 비행기(고정익 드론), 무인 헬리콥터(대형 회전익 드론), 무인 멀티콥터(중소형 회전익 드론)'로 분류하고 있다.

건설 분야에서 드론의 활용은 주로 카메라 시스템의 페이로드 및 라이다Light Detection and Ranging, LiDAR와 열화상 카메라 등의 센서를 적용하여 사용한다.

건설 드론은 프로젝트 수행 시 발생하는 작업이나 현장 안전관리, 유지관리 등에 활용되어 작업의 간소화 및 비용 절감, 근로자의 안전성 확보, 최적의 의사결정에 도움을 주어 건설 품질을 향상시킨다.

드론은 건설 분야에 다양하게 활용할 수 있다. 드론의 영상 촬영으로 지형 매핑 및 토지 측량이 가능하다. 대규모 토지를 측량할 수 있기 때문에 현장 지형을 시각화하는 시간을 대폭 단축할 수 있다. 또한 드론을 활용하여 구축된 고해상도 이미지 및 점군 데이터를 3차원 모델로 변환할 수 있어 효율적인 프로젝트 수행이 가능하게 되며 공기 단축 및 비용 절감이 가능하다.

드론을 이용한 건설현장 관리
출처: 로열티 프리 스톡 사진 ID 698092807

드론을 이용한 콘크리트댐 균열 검측

드론을 활용하여 시설물을 검측할 수 있다. 시설물 주변을 드론이 비행하면서 안정성과 세부 사항을 확인하고 분석을 위한 고해상도 영상 정보를 취득함으로써 시설물의 검측이 가능하다. 예를 들어, 대형 콘크리트댐의 안전을 위해 주기적으로 실시하는 균열 검측의 경우 그동안은 곤돌라에 탑승한 사람의 육안 검측 방식에 의존하였다. 위험하기도 하고 정확성도 떨어진다. 하지만 드론으로 댐 주변을 샅샅이 촬영한 후 영상을 분석하면 콘크리트댐의 균열 여부를 간편하고 안전하게 검측할 수 있다. 교량·타워·지붕 및 가시설과 같은 대규모 시설물의 검측을 통한 유지관리에도 적용이 가능하며, 다양한 센서를 활용하여 열 누출과 전기 문제 등을 감지할 수 있다.

드론은 필요한 장면을 시각화하고 이를 공사 현장 관리자에게 제공하여 건설 프로젝트의 진행 상황을 현장에 방문하지 않고도 관리자가 파악할 수 있게 해준다. 이는 설계팀, 엔지니어, 시공 관리자, 작업자 및 발주자에게 동시에 데이터를 전송하여 건설 프로젝트를 수행하면서 발생한 오류를 빠르게 파악하여 효율적으로 협업할 수 있도록 만들어 준다.

건설현장의 보안감시와 작업자의 안전확보에도 드론의 활용이 가능하다. 영국의 캡테라Capterra사에 따르면 매년 건설현장에서 많은 건설자재와 건설장비가 도난되고 있으며, 그중 되찾아오는 비율은 25% 미만이다. 하지만 드론을 활용하면 비행을 통해 장비의 존재 유무를 판단하고 현장에 접근 권한이 없는 사람의 존재 유무도 확인하여 건설현장의 도난을 방지할 수 있는 보안 감시가 가능하다. 또한 드론의 실시간 영상을 통하여 건설현장의 고소 작업자와 위험구역 내 작업자의 안전 상태를 모니터링함으로써 현장의 안전사고를 예방할 수 있다.

일반 항공측량과 드론 영상 측량 비교

구분	일반 항공측량	드론 영상 측량
구성장비	• 항공사진측량용 비행기 및 카메라 • 고정밀 항법장치 • 전용 도화기 및 처리 S/W	• UAV 기체 및 카메라 • Low cost GNSS/MEMS • Cad용 computer 및 S/W
비용	고가	저가
인력	조종사, 부조종사, 촬영사, 정비사 등 전문인력	교육을 필한 원격조정자
연료	항공유	배터리
비행 고도	800m 이상	300m 이하
영상취득 방식	연직사진	경사사진
지상기준해상도(GSD)	5cm	3cm
촬영시간	길다	짧음
촬영면적	대규모	소규모

글로벌 시장조사기업인 얼라이드 마켓 리서치Allied Market Research는 세계 건설 드론 시장이 2020년부터 2027년까지 연평균 15.4%씩 성장하여 2027년에는 약 120억 달러(약 13조 9,080억 원) 규모에 이를 것으로 예상하고 있다[5]. 건설 드론의 활용이 인프라 측량, 3차원 공간정보 취득, 준공 검측, 현장 측량 등으로 확대됨에 따라 건설 드론 시장은 지속적으로 성장할 것이다.

로봇과 자율주행, 건설의 친구가 되다

건설산업에서 건설 로봇의 활용은 공공 인프라, 상업용 및 주거용 건물, 원자력 발전소 등의 다양한 분야에서 인력 투입을 최소화하거나 완전히 대체하는 것을 의미한다. 광의의 의미로서는 건설 장비의 자율주행에 의한 자동화 또는 반자동화도 포함시킬 수 있다. 로봇은 그동안 자동차, 가전제품, 생활 지원 로봇 등 제조업에서 폭넓게 적용되어 왔으나 건설 자동화에 대한 수요가 증가함에 따라 건설산업에도 적용이 확대되는 추세이다. 단순 반복 작업의 자동화 등을 통해 인력을 전부 또는 부분적으로 대체함으로써 생산성 및 안전성 향상에 기여할 것으로 전망된다.

건설 로봇은 웨어러블 로봇, 검측 로봇, 현장 시공 로봇, 자율주행 건설 장비 등을 들 수 있다. 웨어러블 로봇은 영국의 윌모트 딕슨Willmott Dixon 등이 대표적이며, 현장에서 작업자가 착용하여 무거운 장비를 조작하면서 느끼는 피로를 줄여준다.

준공 검측을 위해서는 인력과 시간이 많이 소요된다. 이러한 문제 해결을 위해 보스턴 다이내믹스의 스폿 로봇처럼 자율적으로 현장을 스캔하고 검측할 수 있는 기술의 개발이 진행 중에 있다.

시공 로봇으로는 조적식 구조물을 자동으로 시공하는 로봇인 하드리안 엑스Hadrian X, 용접 로봇인 로보 웰더Robo Welder, 그리고 3D 프린팅 로봇 등이 활발히 개발되고 있으며 제조업에서 활용되는 로봇 암 등을 조립식 주택에 접목하여 건설산업에 적용하고 있다.

미국의 트림블Trimble, 일본의 코마츠, 스웨덴의 볼보 건설기계에서는 굴삭기·도저·그레이더·진동롤러 등의 건설 장비가 자율주행으로 운영되도록 자동화 기술을 개발하고 있다. 코마츠는 건설현장에서 친환경적인 건설기계의 운용을 위해 배터리를 장착한 장비 개발에 박차를 가하고 있다.

볼보건설기계는 이미 지난 2016년 9월 자율주행 덤프트럭과 휠로더(모래·자갈 등을 퍼 나르는 건설기계), 화물 운반 차량이 운전자나 원격 조종자 없이 채석장에서 골재를 채취해 실어 나르는 현장을 선보인 바 있다. 사물인터넷IoT 기술로 기계끼리 통신하면서 휠로더가 퍼 옮기는 골재를 덤프트럭에 담아 목표 지점에 정확히 옮기는 작업이 가능해진 것이다. 국내의 두산인프라코어, 현대건설기계, 영신디엔씨 등도 건설 장비에 머신 가이던스MG[6]와 머신 컨트롤러MC[7]를 장착하여 비숙련공들도 정밀한 토공작업이 가능하도록 하는 기술을 상용화하고 있다. 영신디엔씨는 건설기계 생산업체가 아님에도 불구하고 건설업체로서 건설기계의 자동화 및 스마트 건설안전에 직접 투자를 하며 건설시공의 스마트화에 앞장서고 있다.

건설기계 제작사들이 무인·자동화 기술에 적극 나서는 이유는 24시간 작업이 가능해지는 등 생산성 향상과 함께 인명 사고를 예방할 수 있기 때문이다. 예를 들어, 굴삭기 작업은 운전기사가 굴삭기를 조작해 땅을 파면, 측량사가 직접 땅을 판 곳의 면적과 경사도 등을 잰다. 설계도에 따라 작업이 이뤄지지 않으면 다시 굴삭기로 땅을 파고 고르는 작업을 반복하는 방식으로 진행된다. 이런 방식의 전통적인 토공작업은 속도도 느리고, 측량 도중 굴삭기와 충돌하여 작업자의 부상이 발생하곤 한다. 제작사들이 굴삭기에 머신 가이던스와 머신 컨트롤을 부착하여 측량사 없이 작업할 수 있는 기술을 개발하고 있는 것도 이 때문이다.

글로벌 시장분석기관인 마켓 앤드 마켓에서는 건설 로봇 시

휴머노이드 건식벽 시공로봇
출처: 일본 산업기술종합연구소

근로자를 위한 웨어러블 로봇
출처: 셔터스톡 로열티 프리 스톡 사진 ID: 1870469323

건설현장의 무인 자율주행 운반차량
출처: 볼보기계

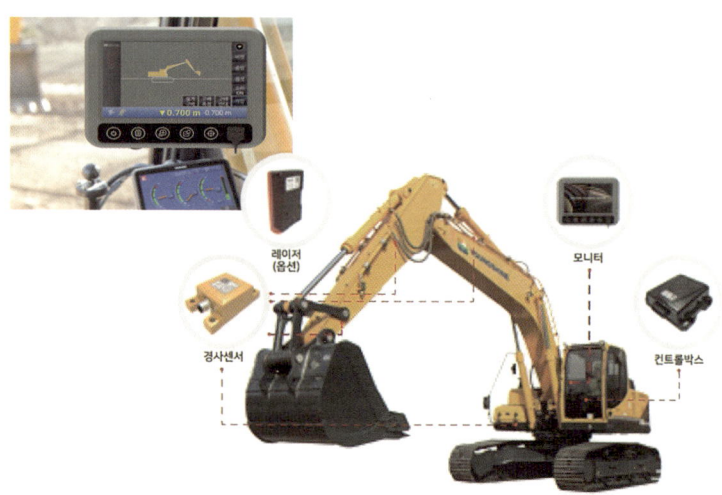

MC/MG가 장착된 반자동 굴삭기
출처: 영신디엔씨

장이 연평균 16.8%씩 성장해 2023년까지 1억 6,640만 달러(약 1,913억원) 규모에 이를 것으로 예상하고 있으며, 글로벌 웨어러블 로봇 시장은 83억 달러(약 9조 5,450억원)로 전망하고 있다.[8]

건설 로봇은 위험한 작업환경에서 일하는 작업자를 대체하여 생산성·품질·안전성을 향상시키며, 높은 시공 정확도와 빠른 반복작업을 통하여 공사비 절감과 공기단축이 예상된다. 또한 건설산업에 로봇 공학을 융합하여 젊고 유능한 인력의 유입을 촉진시켜 건설산업의 체질 개선에 기여할 것이다.

건설 생산방식에 공장을 도입하다(모듈러 건축)

모듈러 건축은 프리팹Pre-fabrication 건축의 하나로 공장에서 부품과 자재 등을 만들어 현장에서 조립하는 건축물의 생산·시공 방식을 말한다. 표준화된 실내 공간을 모듈 형태로 사전 제작하여 공사 현장에서 설치·조립하는 것으로, 제조업에서의 대량 공장생산의 개념을 건설산업에 도입한 탈현장Off-site 건축 공법이다. 표준화된 모듈러 유닛을 공장에서 제작한 후 운송과정을 거쳐 현장에서 설치하거나 최소한의 내·외부 마감작업을 통해 건축물을 완성하는 것을 의미한다.

모듈러 건축[9]은 일반적으로 유닛박스Unit Box, 패널라이징Panelizing, 인필In-fill 등 3가지 방식으로 분류된다. 박스형 구조모듈을 적층하여 건축하는 방식인 유닛박스는 공장에서 기본적인 구조 프레임이나 전기 및 설비 매입과 내외부 마감 작업까지 완료하여 현장으로 운송되며, 현장에서는 적층 시공만 수행하기 때문에 비용과 시간을 크게 절감할 수 있다. 패널라이징은 공장에서 미리 만든 벽체와 바닥을 현장에서 조립하는 것으로, 유닛박스가 하나의 공간을 만들어 적층하는 공법이라면 패널라이징은 공간을 구성할 벽체를 모듈로 시공하는 것이다. 인필은 현장에서 철근 콘크리트 골조를 완성한 후 그 안에 박스 형태의 유닛을 넣는 방식으로, 쉽게 말해 서랍장에 서랍을 만들어 넣는 것에 비유할 수 있다.

모듈러 건축은 공장에서 미리 부재 등을 만들기 때문에 필요한 인력이 감소된다는 것과 공장 제작률이 최대 80%이고 전통적인 철근 콘크리트 방식보다 공기를 30~50% 단축할 수 있다는 것이 대표적인 장점이다. 실제로 총면적이 513㎡인 4층 원룸 건물의 공법별 공사기간을 비교해 보면 철근 콘크리트 구조는 약 108일, 철골조는 약 101일, 모듈러는 약 50일의 기간이 소요된다.

건축 과정에서 현장 시공의 비중이 줄어들어 기존 현장 노동인력의 숙련도 등 여러 요인에 의해 좌우되었던 건축 품질이 공장 생산 과정으로 일정하고 좋은 품질을 유지할 수 있다는 것도 모듈러 건축의 장점이다. 아울러 경량화에 따른 내진성능 확보, 모듈러 유닛에 의한 이동의 용이성, 증축과 확장에 대한 디자인의 융통성, 현장작업 최소화 및 작업환경이 잘 구축된 공장 내 작업에 의한 건설사고 감소, 우수한 차음·단열 성능, 모듈들을 여러 방식으로 조립해 만든 후 다시 분해해 재사용과 재활용에 따른 폐기물 감소, 기후영향의 최소화 등의 장점이 있는 친환경적인 건축 공법이다.

모듈러 건축의 장점

구분	특성
공기 단축, 현장 노무비 절감	공정의 최대 80%가 공장 제작, 기존 공사기간 대비 30~50% 감축 가능
고품질 확보	클린 환경에서의 공장제작에 의해 정밀도 향상 및 고품질 가능
경량화, 이동 용이	경량 철골 및 패널을 사용하여 기존 대비 30%의 중량 감소로 모듈 단위의 운송 및 양중이 가능
내진 특성	경량화에 의해 지진 하중 영향 감소, 철골 프레임 방식은 높은 강도와 연성을 확보하고 있어 내진 성능 확보 가능
친환경	철거 시 유닛 모듈의 재사용이 가능하므로 자원 절약 및 폐기물 발생 감소
대량생산	모듈러 유닛의 반복적인 생산 가능
용이한 하자보수	표준화된 자재사용으로 하자 발생 시 교환을 통한 수리가 용이함

그뿐 아니라 공장에서의 사전 생산 및 제작 부분의 비중이 커져 건설산업을 '시공현장 생산 중심의 산업'에서 제조업과 유사한 '상품 중심의 산업'으로 변화시키고, 더 나아가 수출이 가능해지므로 글로벌 경쟁력을 보유하는 데도 유리하다.

모듈러 건축은 기존의 현장에서 이루어지는 습식 공법on-site에서 공장에서 제조하는 건식 공법off-site으로 건설 생산 프로세스의 혁신 및 건설산업의 새로운 패러다임을 가져왔다. 최근 국내 건설 및 건설 관련 산업 분야에서 모듈러 건축에 대한 관심이 많아지고 있으며, 또한 모듈러 공법을 활용한 건축 프로젝트 발주물량도 꾸준하게 증가하고 있다.

모듈러 건축의 외국 사례를 살펴보면 영국에서는 모듈러 건축 공법 및 기술이 건축물에 적용되기 시작한 것은 1970년대 후반이며, 이후 보급이 확대되고 있다. 영국은 디자인과 생산·공급에 관한 충분한 인프라가 갖추어져 있으며, 호텔을 비롯하여 주거용·상업용 건물과 기존 건축물의 리모델링 등 다양한 분야에 적용되고 있다.

일본은 1955년에 심각한 주택난을 해결하기 위하여 일본 정부에서 주택공단Japan Housing Corporation, JHC을 만들었으며, 초기에 주택공단은 중량 콘크리트 패널을 이용한 철근 콘크리트 구조 아파트의 개발에 초점을 맞추었다. 일본에서는 모듈러 건축을 유닛 건축으로 부르고 있으며, 모듈러 건축은 전체 주택시장의 5~7%를 차지하고 있다.

고층 유닛형 모듈빌딩high-rise volumetric modular building으로는 2019년 7월 완공된 싱가포르의 Clement Canopy 빌딩(140m)이 가장 높으며, 40층 타워 2동이 포함되어 있다. 타워는 1,899개의 모듈로 구성되어 있고, 완공하는 데 30개월이 소요되었다.

미국 모듈러빌딩협회MBI에서는 모듈러 건축을 유형에 따라 '정주형Permanent Modular Construction, PMC'과 '이동형Relocatable Building, RB'으로 구분한다. 정주형PMC 방식은 고정된 부지와 공간에 시설물을 확보하기 위한 목적으로 다층 구조를 조립식으로 만드는 혁신적인 기술로 주목받고 있으며, 의료시설·호텔·학교·레스토랑 등의 용도에 활용되고 있다.

한편 코로나19의 영향으로 업무의 비대면화 등이 강조되면서 기존 작업환경의 변화를 신속하게 반영할 수 있고 리모델링 등의 편의성을 고려하여 재배치가 가능한 이동형RB 사무실의 인기가 높아지고 있다. 언제든지 인원의 변동에 따라 다양한 위치와 규모로 리모델링할 수 있도록 수요에 맞추어 기술발전이 이루어지는 가운데 의료 클리닉, 학교, 판매시설, 건설현장 사무실 등에 적용되고 있다.

국내의 경우 해외에 비하여 모듈러 건축이 활성화되어 있지는 않은 상황이다. 2019년 국토교통부는 한국토지주택공사LH, 국토교통과학기술진흥원, 한국건설기술연구원과 함께 국가 연구개발 과제로 추진한 수요자 맞춤형 조립식 공동주택 실증단지를 충남 천안시 두정동에 시공하였다. 창호와 외벽체, 전기 배선, 배관, 욕실, 주방기구 등 부품이 포함된 박스 형태의 유닛모듈을 공장에서 제작하고 현장에서 조립·설치하였다. 지상 6층 40가구 공동주택으로 기둥과 보가 하중을 받는 적층식 공법과 인필 공법이 적용된 사례이다.

건설 생산과정에서 발생하는 환경 피해를 감소시켜야 하는 필요성과 인구 증가 및 급속한 도시화에 따라 모듈러 건축 시장은 앞으로 꾸준히 성장할 것으로 예상된다. 글로벌 시장분석기관인 마켓 앤드 마켓에서는 모듈러 건설 시장이 2020년부터 연평균 5.7%씩 성장하여 2025년에는 1,079억 달러(약 124조 9,480억 원) 규모에 이를 것으로 보고 있다.[10]

생산방식의 또 다른 변화, 3D 프린팅

영화나 TV에서만 볼 수 있었던 금속 및 합금 물질을 이용하여 권총을 만드는 3D 프린팅 기술이 건설산업에서도 부상하고 있다.

3D 프린터는 설계 데이터에 따라 액체와 파우더 형태의 폴리머(수지)나 금속 등의 재료를 가공·적층 방식Layer-by-layer으로 쌓아 올려 제품을 제조하는 장비로서 3차원 CAD에 따라 생산코자 하는 형상을 레이저와 파우더 재료를 활용하여 신속 조형하는

기술을 의미하는 RP Rapid Prototyping에서 유래하였다. 입체의 재료를 기계가공·레이저를 이용하여 자르거나 깎는 방식으로 제품을 생산하는 절삭가공Subtractive Manufacturing과 반대되는 개념으로서 공식적인 기술 용어는 적층가공Additive Manufacturing이다.

   3D 프린팅 공법은 그동안 여러 가지 재료·장비와 새로운 제조 및 작업 방법의 적용을 시도하면서 재료에 적합한 새로운 적층 공법의 개발이 점차 확대되고 있다. 적층 제조는 건설, 제품 제작, 의료, 생체 역학을 포함한 다양한 산업 분야에서 광범위하게 적용되고 있다. 건설산업에서 3D 프린팅은 '3차원 설계를 기반으로 구조물의 요소 혹은 전체 건물을 자동화 장비를 활용하여 시공하는 기술'을 의미한다. 디지털 제조업의 핵심 수단으로 역할을 해온 3D 프린팅 기술이 최근 건설 분야와 접목하여 혁신적인 생산기술로 기대되면서 3D 프린팅 건설기술에 대한 연구개발이 활발히 이루어지고 있다. 3D 프린팅은 설계와 자동화가 쉬운 데다 폐기하는 재료의 낭비가 적은 장점이 있으나, 건설산업에서는 아직 제한적으로 활용되면서 조금씩 발전하고 있다.

   그동안의 건축 시공 방식은 기둥·보·벽체의 철근을 설치한 후 거푸집을 만들어 레미콘에 담은 콘크리트를 펌프카로 거푸집에 쏟아부은 뒤 양생하여 구조물을 만드는 식이었다. 그러나 3D 프린팅 기술을 활용한 시공 방식에서는 건축물을 구성하는 기둥·보·벽체·바닥 등을 콘크리트를 재료로 사용하는 3D 프린터로 적층하면서 만든다. 거푸집이 필요 없고 3D 프린터 노즐에서 점성이 높은 콘크리트를 설계도면에 따라 사출하여 층층이 쌓아서 구조물을 시공한다. 3D 프린팅 기술을 이용하여 공장에서 건축

부재를 만들어 현장에서 조립할 수도 있다.

두바이에서는 2019년 10월 완공된 2층 건물의 총 640㎡에 이르는 건물 벽체를 현장에서 3D 프린팅 공법을 적용하여 시공하였다. 석고 기반 혼합물 재료를 사용하여 1개의 장비로 현장에서 별도 조립 없이 일체형으로 제작하였다. 미국의 아이콘ICON사와 멕시코의 엑스헤일Exhale은 협력하여 멕시코의 타바스코Tabasco에 50채의 3D 프린팅 주택을 건설하고 있다. 아이콘사가 미국 텍사스주 오스틴에 2층 규모로 지은 3D 프린팅 주택은 내부 면적이 92~185㎡이며 현대적 인테리어와 고성능 냉·난방 및 환기 시스템을 갖추고 있다.

네덜란드는 2019년부터 2023년까지 1~3층 규모의 집 5채를 콘크리트 3D 프린터로 건설하여 사람들이 주거할 수 있는 임대 주택단지로 운영한다. 3D 프린팅 주택 가운데 방 3개의 $95m^2$ 규모는 1층 집으로 건설되며, 바닥과 벽체를 콘크리트 3D 프린터로 출력하고 상대적으로 수직 적층이 어려운 지붕만 나무 지붕으로 시공된다. $95m^2$의 1층 주택을 제외한 나머지 4채는 2층 또는 3층 구조의 다층 주택으로 지붕까지 콘크리트 3D 프린팅 기술로 건설될 예정이다.

3D 프린팅 주택은 중국과 러시아도 앞다퉈 경쟁하고 있다. 2017년 2월 러시아의 3D 프린팅 건축 회사인 아피스코는 모스크바에 실험용 주택을 24시간 만에 짓는 데 성공하였으며, 중국은 2014년 중국 상하이에서 실험용 주택 10채를 하루 만에 짓는 데 성공한 바 있다.

건설산업에 3D 프린팅 기술을 적용할 경우 복잡한 형상의

3D 프린팅을 이용한 미래형 모듈러 주택
출처: 로열티프리 스톡 일러스트 ID 1642269859

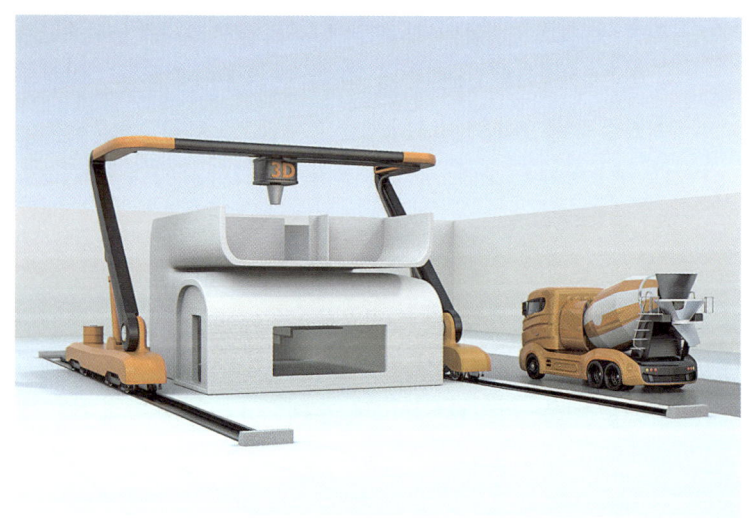

3D 프린팅 공법
출처: 로열티 프리 스톡 일러스트 ID 541010296

구조물이나 맞춤형 부재 등을 빠르고 정확하게 시공할 수 있으며, 불필요한 재료의 낭비를 방지하고 인건비를 낮출 수 있다. 특히 낙후지역의 빠른 주거 공급과 급격한 기후변화로 인한 홍수 피해지역 등 재난지역의 주거 복구 분야에 활용 가능하며, 우주와 같이 인력에 의한 시공이 적합하지 않은 환경 조건에서 적용하기 용이하다. 3D 프린팅을 이용한 건축물 시공은 소규모의 저층 건축물에 적용되고 있다. 고층 건축물에도 적용하려면 기존의 철근콘크리트 수준의 강성확보 및 내진 성능의 향상 등 아직 해결해야할 남은 숙제가 있다.

개발도상국의 저가 주택 및 상업용 건물 개발 수요 증가와 탄소 배출량 감소를 목적으로 하는 각국의 환경규제 채택 등은 3D 프린팅 시장의 성장을 가속화하고 있다. 글로벌 시장분석기관인 마켓 앤드 마켓에서는 건설 부문 3D 프린팅 글로벌 시장 규모가 2019년부터 연평균 245.9%의 성장률을 보이며 2024년에는 15억 7,500만 달러(약 1조 8,214억 원)에 이를 것으로 예상하고 있다.[11]

보물찾기가 시작된다. 인공지능(AI)과 빅데이터(Big Data)

빅데이터는 매우 크고 생성 시간이 빠르며 복잡하기 때문에 전통적인 방법을 활용하여 처리가 어렵거나 불가능한 데이터를 의미한다. 2000년대 초반 산업 분석가 더그 래니Doug Laney는 빅데이터를 3V로 정의하였는데, 규모Volume·속도Velocity·다양성Variety을 의미한다. 근래에는 가변성Variability과 정확성Veracity 등이 추가되어 5V로 정의되고 있다.

규모는 빅데이터가 대량의 데이터를 보유하고 있어야 함을 의미하고, 속도는 데이터 처리가 빨라야 함을 의미하며, 다양성은 정형·비정형·반정형 등 다양한 종류의 데이터를 의미한다. 가변성은 데이터가 맥락에 따라 의미가 달라지는 것을, 정확성은 데이터의 신뢰 수준을 의미한다. 빅데이터는 고객 경험의 분석을 통하여 다양한 비즈니스 활동을 처리하는 데 도움이 될 수 있다. 제조업 분야의 예를 들면 빅데이터를 사용하여 고객 수요를 예측한 맞춤 서비스 및 제품개발과 제품의 잠재적 문제 분석을 통한 대응 등이 가능해진다.

인공지능AI은 지능을 스스로 구현하며 주어진 데이터의 특성을 잘게 나누어 분석해 학습한다. 이는 여러 복잡한 업무를 처리할 수 있게 하는데, 사물 인식과 같은 비정형적인 데이터도 분석할 수 있게 한다. 인공지능은 사물의 특성을 여러 요인으로 쪼개어 학습해 사물을 인지한다. 따라서 데이터의 여러 특성을 추출해 스스로 지능을 구현하며 비정형 데이터의 처리도 가능하다.

인공지능AI은 빅데이터와 종속관계에 있지 않다. 빅데이터는 인공지능 구현에 중요한 동력이 되기 때문이다. 인공지능은 수많은 데이터를 빠르게 학습하는 것이 중요한데, 빅데이터는 인공지능이 방대한 데이터를 빠르게 학습할 수 있도록 도와준다. 다시 설명하면 인공지능이 학습을 통하여 정확한 분석·판단·결정을 내리기 위해서는 방대한 양의 학습 데이터가 필요하고, 반대로 많은 양의 데이터가 존재하더라도 이를 인간의 지능과 힘만으로 데이터화하기에 현실적으로 불가능하므로 인공지능의 힘을 이용해야 이러한 데이터를 충분히 활용할 수 있다. 인공지능이 학습을 하기 위해서는 여러 각도에서 방대한 데이터가 필요하다.

이렇게 인공지능과 데이터는 굉장히 밀접하게 연결되어 있으며, 데이터는 인공지능을 발전시키는 밑바탕이 된다. 인간과의 바둑대국에 승리하여 많이 알려진 알파고AlphaGo는 머신러닝Machine Learning으로 알고리즘을 이용해 데이터를 분석하고 학습한 내용을 기반으로 판단과 예측을 한다. 머신러닝은 사람이 학습하듯이 컴퓨터에 사람이 데이터를 주면서 학습하게 하는 것이다. 즉 컴퓨터에 인간이 먼저 다양한 정보를 가르치고, 그것을 학습한 결과에 따라 컴퓨터가 새로운 것을 예측한다. 알파고에서 진화한 알파고제로AlphaGo Zero는 딥 러닝 기술로 인공신경망에서 발전한 형태의 인공지능이다. 스스로 분석하고 학습하여 컴퓨터가 사람처럼 생각하고 배울 수 있도록 하는 기술로, 컴퓨터가 많은 데이터를 분류해서 같은 집합들끼리 묶고 상하관계를 스스로 파악할 수 있다. 다시 말해 인간이 가르치지 않아도 스스로 학습하고 미래 상황을 예측하는 것이다.

예를 들어 호텔의 운영과 관련된 데이터를 인공지능에서 학습시키면, 호텔 객실별 투숙객의 재실 여부에 따라 객실의 습도와 온도를 스스로 판단하여 에어컨디셔너의 작동 여부를 결정한다. 또한 객실 비품의 종류와 수량, 객실 내부의 오염도 등을 스스로 판단하여 객실관리자에게 관리의 필요 여부를 전달할 수 있다.

인공지능은 패턴을 발견하거나 유사한 경험을 학습하여 배우거나 이미지를 이해하는 등 컴퓨터 또는 컴퓨터가 부착된 기계가 인간의 인지 기능을 모방할 수 있다. 따라서 건설 자재의 생산부터 기획, 설계, 시공, 시설물의 유지관리에 걸쳐 전박적으로 효율성을 향상시킬 수 있을 것으로 기대되고 있다.

인공지능과 빅데이터는 건설산업에 어떻게 활용할 수 있을까? 우선 인공지능 기반의 3D 솔루션을 통하여 건축물 설계의 자동화가 가능해진다. 건설 사업지의 지형·조망·건축법규 등을 분석해 최적의 주택 배치 설계안을 도출하는 인공지능 건축자동설계 프로그램은 계획과 설계의 정밀도를 향상시키고, 최적 공간 배치와 구조 설계안의 도출을 가능케 한다.

또 인공지능은 건설현장에서 축적된 방대한 양의 수치 데이터와 텍스트 데이터를 활용하여 공정관리에 적용할 수 있다. 공기 지연 발생원인을 학습하여 지연되는 기간을 정량적으로 예측할 수 있어 한 달 뒤의 지연되는 예상 공정률과 유사 현장의 지연 사유 및 대책에 대한 사례를 공사 관리자에게 제공함으로써 관리자가 선제적으로 공기 지연 리스크를 관리하도록 도와준다.

현대건설은 뉴트럴 넷Neural Net 알고리즘에 기반을 둔 인공지능 모델의 자체개발에 성공하였고, 시범 적용과 기술 고도화를 진행 중이다. 뉴트럴 넷 알고리즘은 인간의 뇌 기능을 적극적으로 모방하려는 생각에 기초를 둔 알고리즘으로 인간처럼 무언가를 보고input 인식hidden한 후 행동output하는 사고방식을 컴퓨터에 학습시키면, 컴퓨터도 수많은 정보가 들어왔을 때input 발생하는 결과output를 지속해서 학습하여 임의의 입력에 관한 출력 결과를 추정하는 인공지능 학습 방법이다.

건설 프로젝트의 수행에 있어서 품질관리는 발주자와 수요자를 만족시킬 수 있는 매우 중요한 요소이다. 인공지능과 빅데이터 기반 지능형 품질관리기술은 시설물 하자의 위치·유형·규모·보수비 등에 관한 수백만 건의 데이터를 머신러닝 기법을 활용하여 유사하고 반복되는 시공상 하자가 최소화되도록 하자 발생에 대하여 예측한 정보를 건설 프로젝트 관리자에게 제공할 수 있다.

인공지능 기술을 활용하여 과거에 실제로 발생하였던 안전사고 정보와 인적 피해로 이어지지 않은 준사고 정보까지 광범위한 데이터를 분석해 재해 예측을 할 수 있다. 인공지능 기반 현장관리 시스템은 예정 공사 정보를 입력하면 공사 유형별 안전재해 발생 확률과 관련 안전 지침을 도출하여 작업 당일 현장 담당자에게 이메일과 문자메시지를 전송한다. 향후 매일 수행하는 공사 정보들을 꾸준히 축적하고, 이를 실시간으로 학습하는 인공지능 기술을 통하여 정확도는 더욱 개선될 것이다.

현재까지 건설 분야에서는 인공지능과 빅데이터의 활용에 소극적이었으며, 건설 생산방식에 적용하는 데 필요한 소프트웨어 개발을 위한 알고리즘이 복잡하다는 점 때문에 건설 인공지능의 활용도는 현재 높지 않은 상황이다. 그렇지만 지속적인 연구개발 투자가 이루어지고 있기 때문에 가까운 미래에 건설산업에서 실용화되어 넥스트노멀로 자리 잡는 모습을 보게 될 것이다.

사물인터넷IoT 및 센서의 활용도 증가와 디지털 기술의 발달로 인한 기업의 데이터 가용성 증가, 미래 기술 선점을 위한 정부의 활발한 투자 등이 세계 빅데이터 시장의 주요 성장 요인으로 꼽히고 있다. 마켓 앤드 마켓은 세계 빅데이터 시장 규모가 연평균 10.6%씩 성장하여 2020년 1,393억 달러에서 2025년 2,294억 달러(약 265조 1,635억 원)에 이를 것으로 전망하고 있다.

건설산업에서의 인공지능 활용은 초기 단계에 머물고 있으나 BIM[Building Information Model]과 GIS[Geographic Information System] 및 건설생산 단계별 다양하고 방대한 정보의 통합이 이루어져 활용도가 높아지면서 건설 인공지능 시장은 성장할 것이다. 마켓 리서치 퓨처[Market Research Future, MRFR]는 세계 건설산업에서 인공지능 시장의 연평균 성장률을 2018년부터 35%로 전망하였으며, 2023년에는 20억 1,100만 달러(약 2조 3,249억 원)까지 성장할 것으로 예측하고 있다.[12]

시장이 알려주는 스마트건설의 현재와 미래

스마트건설 시장을 바라본다

스마트 건설기술과 관련된 시장은 시장조사기관에 따라 그 범위와 규모가 매우 다양하게 예측되는 상황이다. 그 이유는 현재 대부분의 기술시장 조사기관들이 스마트 건설기술의 개별 기술시장별로 분석 결과를 제시하고 있으며, 이에 따라 이를 통합하여 스마트 건설 시장으로 바라보려는 노력이 제한적이기 때문이다.

최근 글로벌 컨설팅 기관인 Ernst&Young은 스마트 건설기술을 BIM, 디지털 트윈, AR·VR, 위치 기반 기술Geo-enabled technology, 모듈러, 프리패브, 3D 프린팅, 로봇, 로봇틱 프로세스 자동화 소프트웨어RPA, 안면인식Facial recognition, 인공지능AI, 블록체인, IoT, 스마트빌딩 등 14개 기술로 제시하고 다양한 개별 시장조사자료를 토대로 전체 시장을 추정하였다.

이 조사자료에 따르면, 2019년에 11조 1,800억 달러 규모의 세계 건설시장에서 스마트 건설기술 관련 시장 규모는 4.83%인

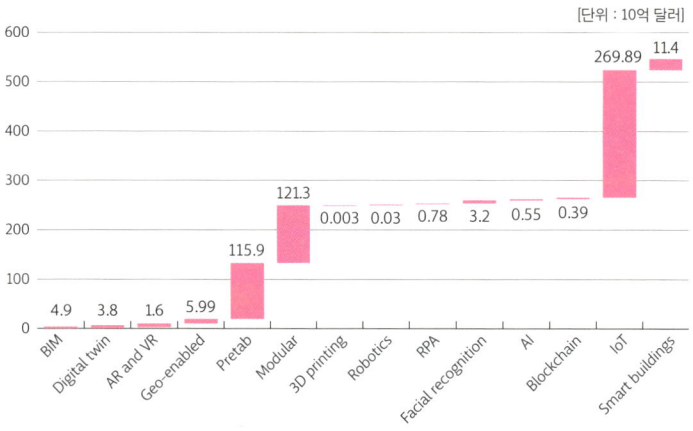

스마트 건설기술별 시장규모
출처: Ernest&Young, Technological advancements disrupting the global construction industry, 2020)

5,400억 달러 규모로 추정하고 있으며, 2025년에는 11.32%인 1조 5,700억 달러로 예상한다. 14개의 기술 중 가장 큰 기술시장은 IoT 기술 관련 시장으로 규모는 약 2,690억 달러로 추정되며, 2025년까지 연평균복합성장률Compound Annual Growth Rate, CAGR 26%로 성장할 전망이다. 그다음으로는 모듈러 관련 기술시장이 1,213억 달러, 프리패브 기술시장이 1,153억 달러로 제시되고 있다.

특기할 만한 것은 현재 낮은 시장규모로 파악되지만 매우 폭발적인 성장이 있을 것으로 예측되는 기술시장의 출현이다. 3D 프린팅 기술 분야는 현재 건설업계에서 가장 낮은 시장점유율을 보이고 있으나, CAGR 245.9%로 폭발적인 성장이 예측되고 있다. 블록체인, 인공지능AI, 로봇공학 등 다른 기술 분야도 CAGR 30% 이상의 성장을 기록할 것으로 예상되는 등 미래 성장성은 매우 높은 것으로 분석되고 있다.

디지털트윈, 영국이 바라보는 건설의 미래

영국은 건설산업이 가지고 있는 낭비, 품질 및 가치와 관련되어 발생되는 다양한 문제, 분절적인 조달 및 업무수행 환경, 타 산업에 비해 혁신활동이 부족한 점 등의 이슈를 해결하기 위해 지속적으로 노력하는 국가 중 하나이다. 영국은 2013년에 'Construction 2025'를 발표하였다. 이 보고서에서는 글로벌 건설시장이 2025년에는 70% 이상 성장할 것으로 전망하고 있으며, 이에 대응하여 영국 건설산업이 글로벌 시장에서 경쟁력을 확보하여 지속적인 성장이 가능하도록 준비해야 한다는 점을 강조하고 있다.

'Construction 2025'에서는 영국의 건설산업이 변화하기 위해서는 안전하고 건강한 환경에서 젊고 재능 있는 인적 자원이 찾는 산업이 되어야 하며, 연구와 혁신을 통해 디지털 경제로 전환하여 스마트 건설을 정착시켜 세계를 선도하는 산업이 되어야 한다는 점을 이야기한다. 또한 신속하고 저렴한 비용으로 지속가능성을 높이는 저탄소산업, 산업과 고객 가치 중심으로 건설산업을 변모시켜 전체 경제성장을 주도하는 산업, 산업계와 정부 간 강력하고 지속적인 협력관계를 갖춘 리더십을 보유한 산업으로 전환할 것으로 제안하고 있다.

이 보고서는 건설산업 초기 건설비용과 생애주기 비용의 33% 감축, 전체 건설공사기간의 50% 단축, 건설 환경에서 낭비 요인 50% 감소, 건설 관련 무역수지의 50% 개선 등을 목표로 내세우고 있다.

또한 영국은 최근에 '국가 디지털 트윈 프로그램National Digital Twin Program'을 통해 자국의 인프라 및 산업의 디지털화를 위해

영국의 Construction 2025(2013)의 목표
출처: hm Government, Construction 20245, 2013

디지털 트윈을 수용하고 발전시킬 수 있는 체계 구축을 목표로 하고 있다. 이 프로그램은 2018년 7월 영국 재무부에 의해 시작되었으며, 국가인프라위원회가 내놓은 '공익을 위한 데이터 보고서'의 주요 권장사항을 확산시키기 위해 추진되고 있다. 이 프로그램은 디지털 트윈 허브, 공통, 변화, 거버넌스, 구현, 방법론 등 6개 핵심 분야로 프로그램을 제시하고 있다. 구체적으로는 디지털 트윈을 테스트하고 표준을 개발하며, 통일성 있고 효과적인 정보 및 데이터 체계와 관리 프로세스를 구축하고, 관련 프로그램과 방법론을 통해 전체적인 활동을 조정하는 전략을 제시한다.

DT Hub stream	디지털 트윈을 테스트하고 개발하는 사람들에게 교육 및 실습 커뮤니티 제공
Commons stream	효과적인 정보 관리를 위해 제품, 지침, 사양 및 표준 개발을 통해 국가 차원의 지원업무 수행
Change Stream	전체 디지털 생태계 내에서 조기수용자와 후발주자 간의 통일성 있는 데이터 체계 도입 지원
Governance stream	개발, 적용, 지속적인 감독 등의 3단계를 통해 데이터 체계를 관리하기 위한 구조 및 프로세스 정립
Enablers stream	디지털 트윈을 적용하는 데 필요한 개선사항 도출이 가능한 사전 프로그램 활용 지원
Approach Stream	데이터 체계 및 효율적인 정보관리 체계의 확산을 위해 전체 NDT 프로그램의 활동을 조율·조정

영국의 National Digital Twin Program(2018)
출처: 영국 디지털건설센터(CDBB)

이를 바탕으로 2017년 영국 재무부에서는 건설산업의 디지털화에 따라 설계·시공·유지관리·사회인프라의 통합자산관리 등에 디지털 기술 적용을 지원하고 디지털 혁신이 사회와 경제에 미치는 광범위한 영향을 고려하기 위해 케임브리지 대학과 협력하여 디지털건설센터를 설립하였다. 산업계·학계·정책입안자로 구성되어 '빠르게 변화하는 건설 환경에 어떻게 적응해야 하는가?'에 대한 해법 제시를 목표로 세워진 이 센터는 건설산업 발전을 위해 다양한 사례 연구 및 지침 작성, 건설 혁신 허브 및 국가 디지털 트윈 프로그램 참여, 국제 홍보 및 디지털 교육 도구 개발과 자문 응대, 최신 연구개발 자금 지원 등의 사업을 수행한다. 특히 BIM을 지원하기 위한 표준 및 기본 틀 구축, 관련 사례 연구 및 지침 작성, 기술과 훈련에 대한 개발 및 조언이 활발히 이루어지고 있다.

디지털환경 구축	운영
• 새롭게 떠오르는 디지털 건설 및 제조기술 활용 • 안전하게 다양한 정보를 공유하여 고객, 설계팀, 건설팀, 자재팀이 보다 긴밀하게 협력하여 건설 중 안전, 품질 및 생산성 향상	• 실시간 측정 정보를 활용하여 건설 환경 및 사회경제 인프라의디지털화 • 발생 가능한 리스크를 예측하여 지속적인 서비스가 가능하도록 스마트 자산관리
설계	통합
• 향상된 성능의 건물 및 인프라를 설계하기 위해 디지털 설계 기술 배포 • 프로젝트 초기부터 안전한 정보관리체계를 구축하여 정해진 형태의데이터 공유	• 공간과 서비스가 국민 삶의 질을 향상시킬 수 있는 방법에 대한 이해 • 이러한 정보를 바탕으로 경제 및 사회 인프라를 설계 구축하고 서비스의 운영 및 통합에 활용

영국 디지털건설센터(CDBB)의 역할

영국의 디지털건설센터는 'Four Futures, One Choice' 보고서에서 2040년 영국의 발전 모습을 지속가능성과 고령화(부양비) 관점에서 네 가지 시나리오로 제시하고 더 나은 2040년을 위한 영국의 전략을 ▲디지털 기술에 대한 신중한 투자, ▲탈탄소화 및 생물다양성 확보, ▲더 나은 내일을 위한 정부정책 등 3가지 분야에 대해 포괄적인 전략을 제시하고 있다.

디지털 기술에 대한 신중한 투자	탈탄소화 및 생물다양성의 우선순위	더 나은 내일을 위한 정부의 정책
일자리 보호: 업무의 자동화 요소에 대해 관리자와 협의 필요	순환 경제: 재사용이 가능하도록 건축 및 건설 자재를 설계하고, 폐기 전에 최대 가치를 획득할 수 있도록 디지털 자재관리 체계 도입	공급망: 투명성과 지속 가능성에 대해 현재보다 더 높은 기준 설정 필요
안전한 데이터 경제: 개인정보 보호 강화 및 개방형 데이터 경제 활성화	친환경 건설 공법: 탈탄소화를 위한 오프사이트·모듈식 건설 공법 및 플랫폼에 투자	책임: 책임과 의무를 다하지 않은 당사자에게 생태계와 환경오염에 대한 책임을 물을 수 있도록 법제도 정비
사람과 지구가 먼저: 다양한 데이터를 수집하고 최신 디지털 기술을 적용하는 이유와 체계에 대한 상세한 설명 필요	건설과 자연의 균형: 사람과 지구의 균형을 고려하여 자연환경을 최대한 보호할 수 있는 기술 적용	임금 격차 감소: 인간다운 삶의 영위가 가능하도록 최저 임금을 보장하고, 디지털 사회를 위한 재교육 실시
더 나은 삶을 위한 목표 기술: 장애인의 이동성을 높이는 스마트 교통인프라 기술 등 삶의 질을 향상시킬 수 있는 기술 개발	자연 기반 인프라: 지역 생물다양성과 접근 가능한 공간 및 자연적인 인프라(자연적으로 형성된 길 등)의 우선순위 지정	구제: 디지털화된 사회에서 환경 및 인권을 보호할 수 있는 법제도 구축
더 넓은 포용과 적극적인 표현에 대한 노력: 디지털 데이터와 기술이 주축을 이루는 시스템과 인간의 존엄성에 대한 편견 방지를 위한 노력 필요	에너지 수요 조절 및 탈탄소화: 전 세계적인 기후 문제를 해결하기 위해서는 에너지 수요를 감소시키고 에너지 공급의 탈탄소화 필요	그린 뉴딜 정책: 녹색 정보 결제로 전환하는데 필요한 대형 스마트 인프라 프로젝트 추진을 통한 일자리 창출
연결성 향상: 전국적으로 ICT인프라에 투자하여 정보의 격차를 줄이고 원격 근무 및 교육 지원	탄력적인 인프라: 다양한 인구변화 및 기후 변화에 대응 가능한 인프라를 사전에 구축하여 예치기 않은 상황에 대비	미래 세대법: 법, 로드맵 등 현재 우리가 내리는 결정이 미래 세대의 복지를 보장할 수 있도록 법적 기준 마련

디지털 기술에 대한 신중한 투자	탈탄소화 및 생물다양성의 우선순위	더 나은 내일을 위한 정부의 정책
기술 및 교육: 디지털 기술 활용 방법, 융합적 사고와 지속 가능성에 중점을 둔 최신교육 및 재교육 과정 구축	천연자원 및 재료에 대한 건설 분야의 의존성 이해: 건설이 자연 생태계에 미치는 영향뿐만 아니라 건강한 자연 생태계가 건설 산업에 미치는 영향도 고려	포용적 문화 확산: 영국의 문화, 경제, 노동력에 긍정적인 영향을 줄 난민과 이민자들에 대한 적대적 감정 해소
디지털 정보 관리 개선: BIM을 적용하여 다양한 자산 정보를 생성하고 활용함으로써 건설환경을 개선하고 안전성 확보		참여 민주주의: 시민 집회, 디지털 민주주의, 공동 디자인을 통해 시민의 참여를 장려

영국 CDBB의 2040 미래 건설전략

i-Constructiuon과 일본의 자동화

일본은 2015년부터 건설사업 수행 프로세스에서 정보화 기술을 전면적으로 활용하는 'i-Construction' 정책을 추진하고 있다. 일본 국토교통성이 i-Construction 정책을 추진하게 된 이유는 일본 사회의 고령화와 인구감소라는 환경이 건설인력의 감소와 고령화로 나타남에 따라 이에 신속하게 대응하고 건설사업의 생산성을 50% 이상 향상시키기 위함이다.

먼저 측량 단계에서는 기존에 현장에 나가서 인력으로 측량 업무를 수행하던 프로세스를 드론 등을 활용하여 3차원 측량데이터를 확보한다. 이는 기존 프로세스에 비해 단시간에 고정밀의 3차원 측량데이터를 확보할 수 있다. 설계 단계에서는 기존 2차원의 설계도면을 3차원 BIM 기술을 활용하여 설계토록 한다. 시공계획 단계에서는 확보된 3차원 측량데이터와 BIM으로 작성된 설계도면과의 차이를 분석하여 절토량과 성토량을 자동으로 계산하고, 장비의 운용계획 등을 결합하여 자동화된 시공계획을 수립하게 된다. 시공 단계에서는 자동화 장비에 맞게 수립된 시공계획에 따라 분석된 절토 및 성토구간을 다양한 센서와 정보기술이 장착된 건설기계들이 무인화된 상태에서 토공 업무 등에 대한 자동화 시공을 수행하게 된다.

완성된 시설물이나 구조물에 대해서는 드론 등을 활용하여 3차원 측량을 실시하고, 이를 통해 검사업무를 수행하도록 하고 있다. 특히 검사업무에서는 3차원 측량 결과를 활용함으로써 완공도면의 제출이 불필요해지고 검사항목도 줄어들어 비용과 시간이 절감되도록 새로운 프로세스를 구축하고 있는 상황이다.

기존 절차			
인력에 의한 측량 시행	2D 도면 활용 토공량 산출	2D 도면에 따른 인력·건설기계 시공	인력에 의한 검측 서류에 의한 검사
측량	설계 및 시공계획	시공	검사
i-Construction 절차			
드론 등을 활용한 3차원 측량	· 3차원 지형 data · BIM 설계도면 ▼ 도면의 중첩 및 차이 분석 ▼ · 절토량, 성토량	3차원 설계데이터와 자동제어기능을 갖춘 건설기계를 활용한 무인 시공	3차원 측량데이터를 활용한 검사업무 수행

일본의 I-Construction 절차
출처: 일본 국토교통성, "i-Construction: 건설 현장의 생산성 향상을 위한 노력에 대하여", 2015.12.

일본 i-Construction의 사례를 보면, 드론을 활용한 공공측량 매뉴얼, 3차원 설계데이터 교환 표준, 레이저 스캐너를 이용한 완성형 관리 요령(토공편), ICT 활용 공사 적산요령 등 스마트 건설기술 적용에 있어서 다양한 기준이 추가로 마련되거나 개정되는 상황도 확인할 수 있다.

싱가포르, 전략으로 풀어나간 건설의 미래

도시국가인 싱가포르는 디지털 도시모델인 'Virtual Singapore'를 구축하고자 노력하고 있다. 'Virtual Singapore'는 민간기업인 다쏘시스템이 싱가포르 국립연구재단과 함께 싱가포르를 디지털 트윈의 3차원 모델로 구현하여 풍부한 데이터 환경 및 시각화 기술이 결합된 협업플랫폼 환경으로 조성하기 위한 노력이다. 이를 통해 싱가포르는 다양한 공공기관으로부터 수집되는 모든 데이터를 관리하여 건물과 인프라의 관리 최적화 및 도시문제 해결을 꾀하고자 한다. 이를 위한 건설산업의 실천 전략으로서 'construction 21'이라는 슬로건하에 주요 건설사업에 BIM 채택을 의무화하도록 추진하고 있다. 또한 싱가포르는 'construction 21 운동'을 통해 건설산업의 생산성 향상을 꾀하여 자동화 장비 및 로봇, BIM과 가상설계 기술 등 7대 핵심기술 분야를 제시하는 한편 국가사업에 BIM 적용을 의무화하는 등 다양한 활동을 수행하고 있다.

이와 함께 건설산업이 '디지털 혁명' '급속한 도시화' '기후변화의 글로벌 트렌드' 등에 영향을 받고 있다는 점을 명시적으로 선언하고, 이에 대응한 산업적 전략의 방향으로 싱가포르 건설청에 해당하는 BCA에서는 2017년 'Construction Industry Transformation Map'을 발표하였다. 이 전략의 비전은 '건설산업이 선도적 기술을 널리 채택하고, 진보적이고 협력적인 기업들이

3 Key Areas to Transform the Sector

Design for Manufacturing & Assembly (DfMA)

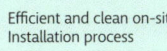

Design upfront for ease of manufacturing and assembly

Highly automated offsite production facilities

Efficient and clean on-site Installation process

Green Buildings

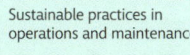

Design for Green Buildings

Sustainable practices in operations and maintenance

Integrated Digital Delivery (IDD)

Enabled by Building information Modelling (BIM), IDD fully integrates processes and stakeholders along the value chain through advanced info-communications technology (ICT) and smart technologies.

싱가포르 건설산업 전환 로드맵의 3대 영역
출처: 싱가포르 건설청(BCA)

비즈니스 기회를 포착하며, 숙련되고 유능한 인력이 싱가포르 국민에게 좋은 일자리를 제공하는 첨단화되고 통합된 산업으로 변환하는 것'으로 선언하고 있다.

싱가포르는 건설산업의 변환을 위한 세 가지 핵심 변환영역으로는 DfMA^{Design for Manufacture and Assembly}로 개념화한 제조업화 및 조립화를 위한 설계, 그린 빌딩, IDD^{Integrated Digital Delivery}로 통칭되는 통합된 디지털 건설사업 프로세스를 제시하고 있다. 먼저 DfMA, 즉 제조업화 및 조립화를 위한 설계를 위해서는 제작 및 조립을 손쉽게 하기 위한 초기 단계 설계 반영, 고도로 자동화된 공장 생산 설비 구축, 효율적이고 깨끗한 현장 시공 프로세스 구현을 제안하고 있다. 두 번째로 그린빌딩을 위해서는 그린빌딩을 위한 설계 및 운영, 그리고 유지관리 등에 있어서 지속가능한 사례 발굴을 제시하고 있다. 세 번째로 통합된 디지털 건설생산 프로세스 구현을 위하여 BIM의 완전한 구현을 통해 정보기술 및 스마트 건설기술이 건설사업 생애주기 전반에 걸쳐 프로세스와 이해관계자들을 통합시켜 나가는 그림을 제시하고 있다.

글로벌 유니콘 기업과 미국의 건설 스타트업

미국은 민간의 자발적인 노력을 전제로 시장이 운영되고 있기에 건설산업 차원의 정부정책이 제시되지는 않은 상황이다. 그러나 세계적인 벤처 캐피털 등 투자구조를 갖추고 있기에 민간 스스로 다양한 아이디어를 토대로 스마트 건설기술을 개발하고, 이를 통해 창업한 기술기업이 비즈니스 모델로 투자를 유치하여 성장하는 시장 메커니즘을 갖추고 있다. 그렇게 다양한 스타트업이 독창적인 비즈니스 모델로 투자를 유치하고 이를 통해 성장하는 시스템이 갖추어져 있다 보니 1조원 이상의 기업 가치를 가진 스타트업 클럽에 절반 이상이 미국에서 만들어지고 있는 상황이다.

건설과 관련한 글로벌 유니콘 기업으로는 Procore, Katerra, uptake technology 등 3개의 기업이 파악되고 있다. Procore는 클라우드 기반의 건설사업관리 소프트웨어를 플랫폼 기반으로 구축하여 판매하는 회사로 플랫폼과 연결된 모바일을 통해 작업자와 응용 프로그램이 연동되어 건설사업의 위험관리, 품질확보, 공사기간 및 공사비 관리활동을 지원하고 있다. Katerra는 모듈형 주택 전문기업으로, ICT 기술을 활용하여 건설 프로세스를 단순화한 비즈니스 모델을 구축하고 이를 발주자에게 제시하여 보다 빠르게 건물을 시공하는 회사이다. 센서 소프트웨어 전문기업인 uptake technology는 건설·광업·철도·에너지·항공 등 다양한 고객을 대상으로 센서 데이터를 수집·분석하고 예측하는 소프트웨어를 판매한다. 이러한 기업들의 특징을 보면, 기술적인 혁신과 함께 이를 뒷받침하는 비즈니스 모델을 갖춘 기업이 성장할 수 있다는 사실을 알게 된다.

스마트 건설, 국내 건설기업의 현재

2015년 이후부터 4차 산업혁명 기술이 전 세계적 이슈로 부각됨에 따라 점차 많은 건설기업이 스마트 건설이나 디지털 전환 등 다양한 키워드와 관련된 솔루션을 구축하고, 다양한 스타트업의 기술들을 발굴하여 현장에 적용하고 있다.

국내 건설기업의 스마트 건설기술 확보 및 현장적용은 기술형 입찰방식인 설계·시공 일괄입찰 방식 등에서 스마트 건설기술의 채택이 수주에 밀접하게 영향을 미침에 따라 기술개발 및 채택에 대한 노력이 진행되고 있다. 2018년 스마트 건설기술 로드맵 작성 당시에는 대부분 대형 건설업체를 중심으로 일부 현장에 시범사업을 진행하는 수준이었다. BIM, 드론, ICT 기반 현장관리 기술 등 정부 정책이나 현장 운영상의 이슈에 대응하는 기술들에 대하여 일부 도입되어 활용되거나 시범적으로 적용된 사례가 있으나, 전면적인 도입·활용에는 아직 소극적인 상황이었다.

그러나 스마트 건설기술 로드맵의 적극적인 시행이 이루어짐에 따라 대기업들과 중견기업들은 다양한 공모전을 통해 협력기업들을 발굴하여 건설현장에 적용하기 위한 노력이 진행되고 있다. e대한경제가 한국건설기술연구원 스마트건설지원센터와 공동으로 시공능력평가 순위 1~38위 건설사(분석대상 30개사)를 대상으로 '스마트 건설 현황 및 성숙도 조사'를 수행한 결과를 보면, 상위 30대 건설사 중 23개사(76.6%)는 기업의 경영전략에서 스마트 건설기술의 개발 및 활용을 우선순위로 추진하고 있다고 답하였다. 이는 스마트 건설과 관련한 기업의 관심이 높아지고 있음을 설명해 준다. 스마트 건설 전담조직(70%)과 전략 및 로드맵(63.3%)을 보유하고 있다는 응답도 높았다. 과거 기술조직 위주로 진행되던 분절적인 노력이 최근엔 사업의 수주가 성과로 인식됨에 따라 최고경영자 수준에서 관심이 증대되고 있는 상황이다. 하지만 수주라는 관점이 아니면, 여전히 '시범적용의 수준을 벗어났다'고 이야기할 수 있는 상황은 아니다.

이 조사에서 현재 가장 많이 적용하고 있는 분야는 'BIM 및 디지털 트랜스포메이션', '건설 드론', '가상현실 및 증강현실' 분야로 나타났다. 이와 함께 향후 5년 후 스마트 건설기술 분야의 투자 우선순위로는 'BIM 및 디지털 트랜스포메이션'과 'IoT(사물인터넷) 및 센서 네트워크' 등 현재 각광받는 분야를 비롯해 '인공지능AI 및 빅데이터 기술' 등이 꼽혔다. 이 밖에 '공장제작 및 모듈화'도 투자 우선순위에 들었다.

개별기업별로 보면, 현대건설의 경우 스마트 건설기술의 도입과 디지털·자동화를 적용하는 환경 구축을 목표로 '세종~포천고속도로 14공구' 현장에 가설단계별 실시간 분석과 측량 업무 간소화를 위한 콘크리트 강도예측 시스템 및 고정밀 GPS 계측시스템을 적용할 예정이다. 또한 '고속국도 제400호선 김포~파주 간 건설공사(제2공구)' 현장의 사각지대를 예방하고 작업자 동선을 파악하는 HIoS/VR 안전관리 시스템도 적용한다. 현대건설은 이 외에도 코로나19 등 감염병 침투에 대응하기 위한 인공지능 열화상·안면인식 출입 시스템을 국내 최초로 쿠팡 물류센터 건립 현장에 도입하였다. 그리고 한국타이어 주행시험장 조성공사 현장을 대상으로 스마트 토공 수행 체계를 도입하였다. 스마트 토공 수행 체계는 드론을 통해 측량 작업을 수행하고, 드론 플랫폼을 활용하여 토공 작업 수행 내용을 분석한 뒤 굴삭기에 부착된 센서를 통해 작업 위치·깊이·기울기 등의 정보를 운전자에게 제공해 작업을 보조한다. 특히 건설 중장비를 반자동으로 제어하여 정밀시공을 가능하게 하는 머신 가이던스Machine Guidance, MG, 머신 컨트롤Machine Control, MC 시스템은 토공사 생산성을 향상시키고 있다.

GS건설은 국내 최초로 건설 소프트웨어 스타트업인 큐픽스Cupix와 협력해 미국 보스턴 다이내믹스의 4족 보행 로봇인 스폿SPOT을 건설현장에서 활용하기 위한 실증시험에 성공하였다. 사족보행 로봇이 360도 카메라로 현장 현황을 획득하고 데이터를 변환하여 360도 카메라 촬영데이터와 BIM 데이터를 연계해 시공 품질을 검토하는 기능을 구현하였다.

대우건설은 자체 개발한 드론 관제시스템 'DW-CESDaewoo Construction Drone Surveillance'를 국내외 18개 현장에 적용하여 현장 전체 관제 및 공정 확인용으로 활용 중이며, 동시에 최대 256개 현장을 모니터링하는 등 지속적으로 건설현장 영상 데이터를 획득하고 있다. 또한 고성능 이동식 CCTV 기반의 다기능 안전관리 로봇 루키Look_I를 개발하여 경부고속도로 직선화 1공구 현장에서 현장 테스트 및 시범적용을 진행 중이다. 빅데이터 기반의 하자 분석 시스템ARDA: Apartment Repair Data Analysis을 개발하기도 하였다. 기존에 사용하던 하자 관리 시스템에 빅데이터 처리 기술을 활용하여 데이터를 다양하게 시각화하고 적시에 제공함으로써 하자 현황을 종합적으로 관리할 수 있도록 하기 위함이다.

삼성물산 건설부문은 가상현실VR을 활용한 장비안전 가상훈련 프로그램 '스마티SMAR'T, Samsung C&T Smart Training'를 새로 도입해 현장 안전문화 수준을 높이고 있다. 실제 사고 상황과 유사한 환경을 직접 체험해 볼 수 있도록 시나리오를 구성하였는데, 기존 사고 기록과 현장별 장비현황 및 교육결과 데이터를 수치화함으로써 현장별 특성과 공정에 따라 고위험 작업을 별도로 예측·관리할 수 있는 플랫폼을 구축하였다.

DL이앤씨는 영화, 게임, 지도 제작, 제품 디자인 분야에서 활용되는 포토그래메트리Photogrammetry 기술을 현장 측량에 접목하고 있다. 포토그래메트리는 여러 각도에서 촬영한 사진을 겹치거나 합성해 3D 모델로 구현하는 기술이다. 준공 현장의 3차원 영상 변환을 통해 빅데이터를 구축하여 완료된 작업을 확인하고 발생 가능한 오류를 예측함으로써 사전 예방을 가능하게 한다. 현재 드론으로 촬영한 사진을 3차원 영상모델로 변환하여 공정관리, 토공 물량 확인 및 안전·품질관리 등에 활용하여 약 20개 현장에 적용 중이다. 또한 첨단 장비와 IT 기술을 통해서 분석한 공사현장의 다양한 정보를 디지털 자료로 협력회사에 제공하고 있으며, 머신 컨트롤Machine Control 같은 고가의 스마트 건설 장비를 무상으로 대여하고 있다. 그리고 정확한 공사원가로 품질과

수주경쟁력을 높이기 위해 주요 공종(工種)에서 발생한 다양한 정보를 빅데이터로 수집하고 모든 현장의 골조와 마감 등의 예산을 BIM으로 산출해 편성하고 있다.

현대엔지니어링은 작업자의 추가 조작 없이 콘크리트 바닥면의 평탄화 작업을 수행하는 'AI 미장로봇'을 개발하고, 이 로봇을 활용한 바닥 평탄화 방법에 대한 특허를 출원하였다. AI 미장로봇은 각 4개의 미장날이 장착된 2개의 모터를 회전시켜 콘크리트가 타설된 바닥면을 고르게 한다.

포스코건설은 하자 위치와 내용·유형·보수비 등 693만 건의 하자민원 개선사례 데이터CCMS를 중심으로 사업관리Pro-Master와 구매계약e-Pro 등의 빅데이터를 분석 및 융합하여 현장별 공사단계, 담당자 실시간 인지, 하자예측 등 필요한 품질관리 정보를 제공할 수 있는 알고리즘algorithm을 탑재한 지능형AI 품질관리기술을 현장에 적용하고 있다. 이 기술은 콘크리트 등 9개 공종의 착공시점 자동인식 및 품질기준을 전 현장에 적용하였으며, 지능형 품질관리 기술은 인천 송도 F20-1 블록 공동주택 신축공사 등 현장에 적용 중이다.

건설기업은 아니지만, 건설기계 전문기업인 두산인프라코어는 건설현장 무인·자동화 종합관제 솔루션 '컨셉트 엑스Concept-X'의 상용화 첫 단계로 스마트건설솔루션 '사이트클라우드'를 본격적으로 착수하였다, 사이트클라우드는 3차원 드론 측량과 토공 물량 계산, 시공계획 수립 등을 전용 클라우드 플랫폼에 접목한 건설현장 종합관제 솔루션으로 인천 검단지구 택지개발사업 조성공사 2-1공구와 2-2공구에 적용될 예정이다.

스마트 건설,
상상에서 현실로

한국판 뉴딜과 스마트 건설

건설산업에서 '스마트 건설'이라는 키워드가 주목받는 이유는 4차 산업혁명이라는 큰 흐름에 건설산업이 대응하고 혁신해 나가기 위한 도구이기 때문이다. 이는 건설산업만의 대응이 아니라 정부 차원에서 이루어지는 선도국가 구현을 위한 경제 및 사회의 대전환이라는 개념과도 연결된다.

정부는 제7차 비상경제회의(2020년 7월 14일)에서 '선도국가로 도약하는 대한민국으로 대전환'이라는 비전과 '추격형 경제에서 선도형 경제로, 탄소의존 경제에서 저탄소 경제로, 불평등 사회에서 포용사회로 도약'이라는 목표하에 한국판 뉴딜 종합계획을 발표하였다. 이 종합계획에는 ▲세계 최고 수준의 전자정부 인프라·서비스 등 ICT 기반으로 디지털 초격차를 확대하는 디지털 뉴딜 12개, ▲친환경·저탄소 등 그린경제로의 전환을 가속화하며 탄소중립Net Zero을 지향하고 경제기반을 저탄소·친환경으

	디지털 뉴딜	
1	D.N.A 생태계 강화	• 국민생활과 밀접한 분야 데이터 구축 개방 활용 • 1·2·3차 전산업으로 5G·AI 융합 확산 • 5G·AI 기반 지능형 정부 • K-사이버 방역체계 구축
2	교육 인프라 디지털 전환	• 모든 초중고에 디지털 기반 교육 인프라 조성 • 전국 대학·직업훈련기관 온라인 교육 강화
3	비대면 산업 육성	• 스마트 의료 및 돌봄 인프라 구축 • 중소기업 원격근무 확산 • 소상공인 온라인 비즈니스 지원
4	SOC 디지털화	① 4대 분야 핵심 인프라 디지털 관리체계 구축 ② 도시산업단지의 공간 디지털 혁신 ③ 스마트 물류체계 구축

한국판 뉴딜과 SOC
출처: 한국건설기술연구원, 한국판 뉴딜을 위한 스마트 SOC 전략과 과제, 2020. 10.

로 전환하기 위한 그린뉴딜 8개, 실업불안 및 소득격차를 완화하고 경제주체의 회복력을 살리는 사회안전망 강화 8개 등 28개 추진과제가 제시되어 있다. 여기서 주목할 만한 사항은 전체 중 9개 과제가 SOC와 직·간접적으로 연관되어 추진된다는 점이다. SOC와 관련한 주요 핵심 과제로는 SOC 디지털화, 도시·공간·생활 인프라의 녹색 전환, 저탄소·분산형 에너지 확산으로 크게 구분할 수 있다.

SOC 디지털화는 'D. N. A$^{Data·Network·AI}$를 기반으로 디지털화되는 SOC'와 '스마트해지는 인프라로 안전해지는 대한민국'을 목표로 추진된다. SOC 디지털화의 핵심은 교통, 디지털 트윈, 수자원, 재난대응 등 4대 핵심 인프라를 디지털로 안전하게 관리하고 도시와 산업단지를 디지털화하고 스마트 물류체계를 구축하여 SOC의 혁신을 도모하고자 하는 것이다.

4대 분야 핵심 인프라의 디지털 관리에서, 우선 교통에 있어

	그린 뉴딜	
1	도시·공간·생활 인프라 녹색 전환	④ 국민생활과 밀접한 공공시설 제로에너지화 ⑤ 국토·해양·도시의 녹색 생태계 회복 ⑥ 깨끗하고 안전한 물 관리체계 구축
2	저탄소·분산형 에너지 확산	⑦ 에너지관리 효율화 지능형 스마트 그리드 구축 ⑧ 신재생에너지 확산기반 구축 및 공정한 전환지원 ⑨ 전기차수소차 등 그린 모빌리티 보급 확대
3	녹색산업 혁신 생태계 구축	• 녹색 선도 유망기업 육성 및 저탄소·녹색산단 조성 • R&D 금융 등 녹색혁신 기반 조성

한국판 뉴딜 28개 추진과제 중 9개가 SOC와 연관

서는 ▲차세대 지능형 교통시스템(C-ITS) 구축과 전국 15개 공항에 비대면 생체인식시스템 조기 구축(2022) 등 디지털 관리체계 구축 ▲레벨4 자율주행차 제작기준 및 보험제도 마련을 위한 연구 등 자율주행생태계를 육성하는 내용을 담고 있다. 두 번째로 디지털 트윈과 관련해서는 ▲주요 지역 3D 지도 작성, 정밀도로 지도 구축, 지하공간 지능형 관리시스템 구축 등 '디지털 트윈' 구축 ▲국가하천·댐 등의 원격제어 시스템 및 상시 모니터링 체계 구축 등을 추진한다. 세 번째로 수자원과 관련해서는 국가하천·저수지·국가관리댐 원격제어 시스템과 실시간 모니터링 체계를 구축한다. 마지막으로 재난대응과 관련해서는 ▲급경사지 등 재해 고위험지역 재난대응 조기경보시스템 설치 ▲둔치주차장 침수위험 신속 알림시스템 추가 구축 등의 과제를 진행한다.

도시·산업단지의 공간 디지털 혁신은 교통·방범 등 CCTV 연계 통합플랫폼 구축, 스마트시티 솔루션 확산 및 스마트시티 시범도시 조성, 통합플랫폼 기반 데이터 허브 확대 구축 및 AI·IoT을 활용한 스마트시티를 추진한다. 또한 실시간 안전 교통방범관리 통합관제센터, 노후 산업단지 유해화학물질 유출·누출 원격 모니터링 체계 구축, 스마트 제조 전문인력 양성을 위한 기업 현장교육과 온라인 교육을 지원하는 스마트 산업단지도 추진하고 있다. 스마트 물류체계 구축과 관련해서는 육상 물류, 해운 물류, 농수산물 유통, 물류 연구개발을 주요 대상으로 하고 있다.

이에 대응하여 국토교통부에서는 ▲공공건축물과 공공임대주택 등에 대한 그린 리모델링, ▲교량 IoT 관리시스템, 첨단 도로교통체계 등 SOC 디지털화, ▲3D 공간정보 구축, 정밀 도로 지도 구축 등 디지털 트윈, ▲그리고 도시·산업단지의 공간 디지털 혁신과 스마트 물류체계 구축을 뉴딜 대상사업으로 추진하고 있다.

최근 정부가 발표한 한국판 뉴딜 2.0(2021. 7. 14.)에서는 기존 안전망 강화 분야를 '휴먼 뉴딜'로 대폭 확대·개편하여 사람투자 강화와 불평등·격차 해소 등을 적극 추진키로 하였다. 기존 한국판 뉴딜 지역사업의 성과를 가속화하고 지역적 체감효과가 높은 사업을 지역균형 뉴딜에 편입하여 체감도를 높이는 정책을 추가 시행하는 것이다.

스마트 건설기술 로드맵, 현재에서 미래를 그리다

정부는 건설산업의 혁신을 위해 스마트 건설기술 관련 정책을 수립하여 체계적으로 추진하고자 노력하고 있다. 정부의 20대 국정전략 중 하나인 '과학기술 발전이 선도하는 4차 산업혁명'이라는 전략에 맞추어 국토교통부는 제6차 건설기술진흥기본계획과 건설산업 혁신방안을 통해 스마트 건설기술이 기반이 되는 건설산업의 방향성을 제시하였으며, 구체적인 실행전략의 하나로 2018년 스마트 건설기술 로드맵을 수립하여 3년 정도 추진하는 상황이다. 스마트 건설기술의 개발 및 보급에 관한 정부 정책의 출발점은 2018년 10월 수립된 스마트 건설기술 로드맵이다. 스마트 건설기술 로드맵은 2025년까지 스마트 건설기술 활용기반 구축을 목표로, BIM·드론·건설자동화·IoT 등 기술 분야별 로드맵을 만들고 이행방안으로서 '민간의 기술개발 유도', '공공의 역할 강화', '스마트 생태계 구축'을 추진한다.

먼저, 정보취득 단계인 계획 및 설계 단계에서는 기존에 많은 시간과 인력을 소요하여 작성하던 2D 지형도 작성 환경을 융복합 드론을 활용한 자동측량 환경으로 변화시키고, 3D 지형 모델링 등 스마트 건설기술을 활용하여 신속하고 정확하게 구축하는 미래상을 제시하고 있다. 이를 통해 2030년에는 카메라 탑재 드론 등으로 확보한 영상정보를 활용하여 넓은 지역이나 사람들이 접근하기 어려운 지역의 현장에 대해 신속하고 정확하게 지형도와 측량 성과물을 도출하고자 한다. 설계자동화를 구현하는 단계에서는, 평면도·단면도·입면도 등 현재의 2D 도면에서는 설계오류에 따른 설계변경이 빈번하게 발생하고 설계변경 시 작업이 과다해지는 문제를 해결해야 할 요구가 증대되고 있는 상태이다. 이에 따라 로드맵에서는 2030년까지 BIM 기술을 활용하여 디지털 트윈에 기반한 설계가 이루어질 수 있도록 하여 설계오류를 최소화하고 설계자동화를 이루며, 설계업무를 통해 도출된 다양한 정보들이 시공 단계와 유지관리 단계에 유통될 수 있는 환경을 조성하는 것을 방향으로 제시하고 있다. 이를 위해 단계적으로 국제 수준의 BIM 적용표준을 구축하고 다양한 라이브러리를 확충하여 단계별로 추진할 수 있도록 하고 있다.

시공 단계의 로드맵에서는 현재의 사람에 의한 건설기계의 수동조작과 인력에 의한 육안 관제 환경을 센서를 활용한 운전자동화와 인공지능AI를 활용한 통합관제 환경으로 조성하는 미래상을 제시하고 있다. 현재는 운전자의 숙련도에 따라 건설기계를 활용한 시공 성과의 품질 차이가 크고 장비로 인한 비효율성이 많이 발생하는 상황이기에 건설기계 자동화와 통합관제 기술의 발전은 건설현장의 생산성 향상과 안전 확보에 획기적인 동력이 될 수 있다. 미래 건설기계의 운영에 있어서는 굴삭기·도저·롤러·크레인과 포장 및 천공기계 등의 작동을 위해 각종 센서와 제어기·위성항법시스템 등을 활용하여 장비의 자세와 위치, 작업 범위 등을 실시간으로 작업자에게 알려주는 머신 가이던스 기술Machine Guidance을 활용하고자 하고 있다. 또한 건설현장 내 다수의 건설기계를 실시간으로 통합 운용·관리할 수 있는 관제 기술도 활용될 예정이다.

시공 단계의 또 다른 미래상으로는 모듈러 시공 기술과 3D 프린팅 기술을 활용하여 공장 제작형 시공을 하거나 현장 무인화 시공을 꾀하는 미래의 모습을 제시하고 있다. 기존 현장 콘크리트 타설 및 인력 시공의 생산성 한계를 극복하고 환경피해도 최소화할 수 있는 미래 모습이다. 현재 시공 단계에서 가장 큰 이슈가 되고 있는 안전의 문제도 로드맵에서는 다루고 있다. IoT 기술을 활용하여 근로자의 위험지역 접근을 실시간으로 경고하고 다양한 장비 및 기계와의 충돌 가능성을 사전에 경고하는 미래 환경을 2030년까지 조성하는 비전을 제시하고 있는 것이다. 이러한 현장 안전관리 환경의 변화는 기존 사람 중심의 교육에 의한 예방활동을 AR·VR 기술을 활용하여 체감형 예방활동으로 변경시키는 토대가 될 것으로 예상된다.

유지관리 단계는 최근에 시설물의 노후화에 따라 가장 많은 변화가 예상되는 분야이다. 지금까지 시설물의 상태 및 성능 점검은 점검인력의 육안점검과 전문가들의 주관적 판단에 의존하는 경우가 많았다. 이러한 여건들은 국민에게 시설물 유지관리

스마트 건설기술 육성을 통해 글로벌 건설시장 선도

2025년까지 스마트 건설기술 활용기반 구축, 2030년 건설 자동화 완성	
2025년 기대효과	• 건설 생산성 50% 향상 • 건설 안전성 향상(사망만인율 1.66 → 1.0) • 고부가가치 스타트업 500개 창업

로드맵		
단계	2025	2030
설계	· 드론 측량 · BIM 전면 활용	· 자동 지반 모델링 · 설계자동화
시공	· 자동장비 활용 · 가상시공	· 로봇시공 · AI공사·안전관리
유지 관리	· bT· 드론 모니터링 · 빅데이터 구축	· 로봇 자율진단 · 디지털트윈 관리

로드맵 이행방안	
민간의 기술개발 유도	· 발주제도 개선 · 테스트베드 지원 · 혁신 공감대의 확산
공공의 역할 강화	· 핵심기술 개발 · BIM 확산 여건 조성 · 공공기관의 역할 강화
스마트 생 태계 구축	· 스마트 건설 지원센터 설치·운영 · 스마트 건설 전문가 양성 · 지식플랫폼 구축·운영

스마트 건설기술 로드맵의 목표 및 전략

및 개량 활동에 대한 투자의 필요성을 이끌어 내는 데 한계를 가질 수밖에 없다. 이에 시설물에 다양한 센서들을 설치하여 실시간 시설물 상태 및 성능정보 데이터를 수집하고 사람의 접근이 어려운 지역에서는 로봇과 드론을 활용하여 시설물 점검과 진단을 용이하게 하는 환경을 조성하는 것을 목표로 하고 있다.

시설물의 유지관리 최적화 활동을 위해서는 설계 및 시공 과정에서 발생한 많은 정보가 활용되어야 한다. 이러한 정보들이 제대로 유지관리 단계까지 유통되지 못하는 한계를 극복하기 위해서 현재도 다양한 개별 시스템을 활용하고 있다. 또한 유지관리 활동을 전개하는 과정에서도 다양한 정보들이 대량으로 발생하고 있는 상황이다. 이를 로드맵에서는 통합적으로 관리할 수 있는 환경을 조성하여 빅데이터에 기반한 다양한 시뮬레이션이 가능한 환경을 조성하고, 예방적 유지관리를 통한 시설의 수명 연장과 서비스 향상 등을 꾀하려 하고 있다.

2020년 8월에 발표된 '건설엔지니어링 발전방안'에서는 스마트 건설기술과 관련하여 'BIM 도입 및 확산' 'BIM 턴키 시범사업 추진' '스마트 건설기술 활성화를 위한 R&D 추진' '스마트건설 교육 확대' 등의 내용을 추가하였다. 이렇듯 정책을 효율적으로 추진할 환경이 꾸준히 만들어지고 있다.

국가 R&D를 통한 스마트 건설기술 구현

인공지능AI, IoT, 빅데이터와 같은 4차 산업혁명 기술을 개별산업별로 적용하고 발전시켜 나가기 위해서는 새로운 부가가치를 창출하는 산업별 요소기술과 연계한 융합을 통한 공진화(co-evaluation)가 필요하다. 이를 통해 4차 산업혁명 기술과 산업의 핵심 요소기술 간 융합으로 통신·가전·기계·자동차 등 수요산업 및 신산업 창출이라는 연쇄혁신이 가능하게 된다.

스마트 건설기술 개발사업은 도로에 관한 스마트 건설기술 개발에 초점을 맞추어 착수된 것이다. 총 2,050억 원의 예산으로 향후 6년간 진행되는 스마트 건설기술 개발사업은 건설장비 관제 및 자동화 기술, 도로구조물 스마트 건설기술, 스마트 안전 통합 관제기술, 스마트 건설 디지털 플랫폼 및 테스트베드 등 4개 중점 분야에 12개의 세부과제로 구성되어 연구가 진행되고 있다.

도로 실증을 통한 스마트 건설기술 개발
예산: 2,050억원(정부출연금 1,418억원 + 민간부담 632억원)
기간: 2020년 4월~ 2025년 12월(6개년)

4대 중점분야	1. 건설장비 관제 통한 토공 자동화와 지형, 공간정보 디지털화 기술	2. 프리팹 기반 구조물 설계·제작·운반·시공 자동화 및 품질관리 기술
12개 세부 연구과제	① 건설장비 지능형 관제* ② 건설현장 정보수집 및 분석 ③ 도로건설장비 자동화	④ BIM 기반 프리팹 기술* ⑤ 구조물 원격·자동화 시공 ⑥ 프리팹 시공 품질관리
4대 중점분야	3. 건설현장 안전 통합관제 및 작업자, 임시구조물 안전 기술	4. 데이터 통합 플랫폼과 디지털트윈을 활용한 건설관리 기술 및 실증
12개 세부 연구과제	⑦ 건설 안전 통합 관제* ⑧ 건설현장 작업자 안전 ⑨ 임시구조물 안전	⑩ 데이터 통합·디지털지식관리 ⑪ 플랫폼 및 디지털트윈 ⑫ 종합테스트베드·실증·정책

* 중점분야별 책임과제

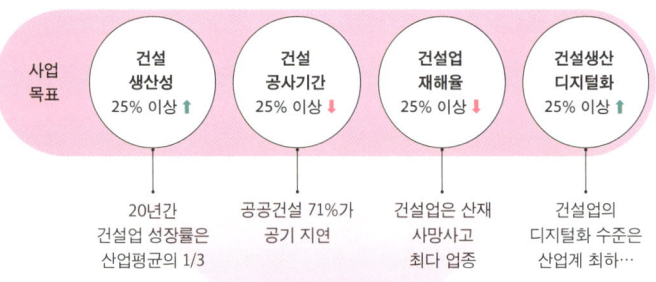

사업 목표	건설 생산성 25% 이상 ↑	건설 공사기간 25% 이상 ↓	건설업 재해율 25% 이상 ↓	건설생산 디지털화 25% 이상 ↑
	20년간 건설업 성장률은 산업평균의 1/3	공공건설 71%가 공기 지연	건설업은 산재 사망사고 최다 업종	건설업의 디지털화 수준은 산업계 최하…

세계시장 진출

세계시장 규모:	스마트건설 2019년 600조 원 2025년 1,700조 원 출처: Ernst&Young(2020)	BIM 2019년 8조 원 2025년 22조 원 출처: Modor Intelligence(2019)

스마트 건설기술 개발사업 현황
출처: 스마트건설사업단

건설장비 관제 및 자동화 기술은 건설 드론과 무인지상차량 Unmanned ground vehicle의 자율 계측을 통해 취득한 현장 지형정보를 통합하여 초정밀 디지털 지도를 생성하고, 이를 도로 건설장비 자동화 기술과 융합하거나 다양한 건설장비의 실시간 관제에 활용되는 기술을 개발하고 있다. 주요 구성기술로는 지능형 토공·포장 장비 관제기술, 건설현장 정보 수립 및 분석기술, 디지털 기반 건설장비 자동화 기술 등이 있다.

도로구조물 스마트 건설기술은 도로(교량·터널 등) 건설사업의 생산성 향상을 위해 BIM, VR·AR, 인공지능, 3D 스캐닝, 프리팹, 로보틱스 등 스마트 건설기술을 활용하여 설계·제작·시공 등 건설 프로세스 과정을 개선하고, 각 공정 간 협업을 지원하는 기술로서 도로구조물 시공의 원격·자동화 기술을 개발한다. 주요 구성기술로는 디지털 기반 도로구조물 설계·제작·시공 지원 기술 개발, 도로구조물 원격·자동화 시공 기술 개발, 지능형 도로구조물 시공품질 관리 기술 개발이 있다.

스마트 안전 통합 관제기술은 안전한 건설현장 구현을 위해 클라우드, 빅데이터, AI, IoT 센서 네트워크 등의 스마트 기술을 활용하여 디지털 트윈 기반의 안전 관제기술을 개발한다. 주요 구성기술로는 스마트 안전통합관제시스템 개발, 건설현장 근로자 안전확보 기술 개발, 임시구조물 스마트 안전확보 기술 개발 등이 있다.

스마트건설 디지털 플랫폼 및 테스트베드는 건설 과정에서 확보한 다양한 데이터를 표준 기반으로 통합하고 분석·결합해 디지털 플랫폼 이용자에게 적합한 정보와 서비스를 제공하는 기술을 개발한다. 주요 구성기술로는 디지털 데이터 통합표준 기반 건설생산 프로세스 통합관리 및 스마트 지식관리 기술, 스마트 건설 디지털 플랫폼 및 디지털 트윈 기반 관리 기술, 스마트 건설기술 종합 테스트베드 구축 및 운영 기술이 있다.

이와 함께 시설물 유지관리, 지하시설물·철도·건축 등 시설물 분야별 스마트 건설기술 개발사업이 준비되고 있는 가운데 국산 BIM 프로그램 및 연관 소프트웨어의 개발·보급도 추진할 예정이다.

발주제도로 풀어나가는 스마트 건설

공공조달은 일반적으로 정해진 요구사항에 맞추어 높은 품질의 제품을 최저가격으로 조달하는 것이 목표이다. 그러나 최근 들어 민간기업의 혁신을 유도하기 위하여 주요 선진국에서는 공공조달시장의 구매력을 이용해 기술혁신을 이끌어 내는 노력을 기울여 왔다.

우리나라도 구매조건부 신제품개발사업, 중소기업 기술개발제품 우선구매제도 등과 같은 공공조달 관련 제도를 이용하여 기업의 기술혁신을 지원해 왔다. 구매조건부 신제품 개발사업은 중소기업의 성장을 돕기 위한 사업이다. 수요기관(정부, 공공기관, 기업)에서 발굴한 외자물품 및 신기술제품에 대하여 중소기업의 기술개발을 지원하고, 기술개발 성공제품에 대해 수요기관에서 일정기간 구매함으로써 중소기업의 기술혁신을 촉진하고 경영안정을 지원해주는 사업이다. 우선구매제도는 중소기업이 개발한 기술개발제품을 공공기관에서 우선적으로 구매하도록

함으로써 중소기업 기술개발제품의 판로를 지원하고 기술개발을 유도하는 사업이다.

OECD는 2017년에 〈Public Procurement for Innovation: Good Practices and Strategies〉를 발간해 기술혁신을 지원하기 위한 공공조달시장 제도 개선방안을 제시하였다. 이 자료에서는 공공조달이 혁신적인 제품과 서비스를 위한 엄청난 잠재시장을 제공하기 때문에 전략적으로 사용하면 정부가 국가 및 지역 수준에서 혁신을 촉진하고 궁극적으로 생산성과 포용성을 개선하는 데 도움이 될 수 있음을 강조하고 있다. 그리고 EU도 기술혁신 지원을 위해 2018년에 유럽위원회EC를 통해 〈Guidance on Innovation Procurement〉를 발간하였다. 이들 지침에서는 기술혁신 지원을 위한 공공조달시장 제도의 장점뿐만 아니라 예상되는 문제점 및 해결방안 등을 폭넓게 서술하고 있다.

스마트 건설기술의 보급 및 확산과 관련해 국내 공공조달에 있어서 가장 의미 있는 정책은 부분적이기는 하지만 스마트 건설기술의 적용 의무화와 스마트턴키제도의 시행이다. 기술적용의 의무화 정책은 주로 선택의 문제가 아닌 기반 조성과 관련한 기술이 주요 대상이 된다. 대표적으로 BIM 의무화이다. 정부는 건설 전 분야에 BIM 적용이 가능하도록 BIM 설계 기본지침을 마련하고 있으며 일정 금액 이상의 건설사업에 대해서는 적용을 의무화하고 있다. 그리고 기술형 입찰에 BIM 시범사업 추진, 발주청의 기술적용에 따른 책임 문제를 최소화하고 기술적용의 신뢰성 확보를 위해 인증제도의 도입 검토 등 다양한 노력을 통해 의무화 정책의 촉진활동을 전개하고 있다.

두 번째로 스마트턴키제도의 시행은 대형공사 입찰방법의 주요 발주방식인 기술형 입찰의 평가기준을 통해 스마트 건설기술의 공공공사 채택을 이끌어 내기 위한 시도이다. 이에 따라 기술형 입찰에 참여하는 대기업과 중견기업의 스마트 건설기술에 대한 관심이 증대되어 전문적인 조직을 만들어 적극 대응하고 있는 상황이다.

스마트턴키제도는 '대형공사 등의 입찰방법 심의기준'에 있어 설계와 시공단계까지 적용 가능한 스마트 건설기술을 일괄적으로 적용하려는 스마트건설공사를 대상으로 일괄입찰이나 기본설계 기술제안입찰을 진행하는 발주방식이다. 대상 공사는 BIM 기반 스마트 설계기술을 설계와 시공단계에 적용하는 경우, 시공 과정에 자동화된 건설기계 운용 및 통합 관제, 공정 및 현장 관리 등 고도화 기술을 적용하는 경우, 대상 시설의 유지관리 과정에서 시설물 점검·진단의 자동화와 디지털 트윈 기반 유지관리 기술을 채택하기 위해 설계와 시공단계에 기술 적용이 필요한 경우에 한하고 있다.

이 지침(심의기준)에서는 주요 스마트 건설기술을 BIM 기반 스마트 설계(지형·지반 모델링 자동화, BIM설계 자동화), 건설기계 자동화 및 관제(건설기계 자동화, 건설기계 통합 운영 및 관제), 공정 및 현장관리 고도화(시공 정밀제어 및 자동화, ICT 기반 현장 안전사고 예방기술, BIM 기반 공사관리, 모듈화 또는 프리패브 방식에 의한 시공), 시설물 점검·진단 자동화(IoT 센서 기반 시설물 모니터링 기술, 드론·로봇 기반 시설물 진단), 디지털 트윈 기반 유지관리(시설물 정보통합 및 표준화, AI 기반 최적 유지관리)로 제시하고 있다.

스마트건설 스타트업, 산업특화형 창업지원

건설산업의 디지털화가 타 산업에 비해 낮은 이유는 일반적으로 대규모 자본 투자, 산업의 복잡성, 다양한 이해관계자 간 디지털화에 대한 공감대 형성의 어려움 등을 제기하고 있다. 이에 따라 스마트 건설기술 공급기업으로서 스타트업에 대한 관심이 전 세계적으로 콘테크ConTech라는 분야로 구분되면서 주목받고 있는 상황이다. 이러한 이유는 스타트업이 특정 기술, 분야, 프로세스에 대한 반복적 접근을 통한 최적화 방식을 통해 디지털 혁신의 부담을 줄여 나가면서 건설산업을 변화시키는 방법으로 이해되고 있기 때문이다. 특히 다양한 이해관계자들에게 더욱 광범위한 디지털 혁신으로 받아들여지기보다는 특정한 문제 해결을 위한 솔루션으로 인식됨에 따라 기술사용자인 건설노동자들의 기술 채택에 대한 거부감을 낮출 수 있다는 점에서 의미를 가진다. 이는 건설 스타트업은 일반적으로 장기간의 투자가 요구되는 자본비용이 아닌 디지털 기술 적용에 필요한 운영비용으로 수익을 창출하기에 큰 투자가 요구되지 않고 있기 때문이다.

국내에서도 스마트 건설 스타트업에 대한 관심이 높아지고 있다. 이에 따라 정부는 스마트 건설 스타트업의 육성 측면에서는 건설기술진흥법에 근거하여 건설산업의 생산성 및 안전 향상을 위해 '스마트건설지원센터'를 한국건설기술연구원 내에 설치하고, 이를 통해 스마트 건설기술의 개발·보급과 창업생태계 조성 등을 위한 노력을 전개하고 있는 상황이다. 미래 변화에 대응한 스마트 건설기술 관련 교육의 확대도 추진하고 있다.

　스마트건설지원센터의 역할을 스마트 건설기술의 지속가능한 발전과 스마트건설 창업생태계 구축의 두 가지로 제시하고 있다. 스마트 건설기술 활성화를 위해서 기술개발 및 보급, 기술의 검증 및 실증, 확산 기반 마련을 위해 다양한 사업을 추진하고, 창업생태계 구축을 위해 아이디어 발굴, 창업 기술지원, 창업 교육 및 기타 창업지원 사업을 수행한다. 창업보육센터의 지원 서비스의 경우 중소벤처기업부에서는 창업 공간(사무실 등)을 제공하는 1세대부터 산업특화 기술창업 및 글로벌 진출을 지원하는 5세대까지 총 5개의 발전단계로 구분하고 있다. 대부분의 창업지원 서비스는 4세대 지원에 머무르는 것으로 나타났으나 스마트건설지원센터는 5세대, 즉 건설산업에 특화된 창업지원 서비스를 제공하는 것이 특징이다.

　특히 다른 창업보육센터와 차별화된 스마트건설지원센터

스마트건설지원센터의 비전 및 역할

의 창업지원 서비스로서 한국건설기술연구원 내 연구자와 1:1 매칭을 통한 기술 컨설팅 및 창업 아이디어 실현 지원, 시장 진출을 위한 건설 기준·시방서 반영 지원, 지식재산권 취득 지원 및 한국건설기술연구원이 보유한 지식재산권 제공, 국내외 기술마케팅을 통한 해외 건설시장 진출 지원 등을 하고 있다. 스마트건설지원센터의 주요 운영 프로그램은 스마트 건설 정책지원 및 성과확산 지원, 스마트 건설 챌린지, 스마트 건설 엑스포, 스마트 건설 아이디어 구현 및 시제품 제작·실증, 스마트 건설 혁신기업 프로그램, 스마트 건설 창업 아이디어 공모전, 유망기술 사업화 지원 및 기업경영 컨설팅 등으로 구성된다. 스마트 건설 창업 아이디어 공모전은 스마트 건설 신기술을 발굴하고, 벤처창업의 활성화와 센터 입주기업 확보를 위해 매년 개최한다. 이 공모전은 스마트 건설지원센터의 입주기업을 선정하기 위한 통로로도 활용되어 수상자 중 일부를 입주기업으로 선정하여 최대 5년간 창업활동을 지원한다.

스마트건설, 상상을 현실로 이끄는 넥스트를 찾는 노력

이제 건설산업은 전통적으로 시설물을 발주자와 시설물 수요자에게 공급하는 공급자 중심의 서비스에 머무는 것에는 한계가 있다. 스마트 건설기술이 건설산업에 폭넓게 적용되는 산업환경에서는 상품과 서비스의 변화를 생산성, 가치 확대라는 관점에서 발주자 혹은 수요자에게 제시할 수 있도록 기술개발이 이루어져야 한다. 이러한 노력을 구체화하는 방식이 스마트 건설기술과 기업 비즈니스 모델의 혁신을 연계하여 수요자 기반의 건설시장 구현을 위한 새로운 상품과 서비스를 제공하려는 노력을 기울일 필요가 있다. 또한 미래 건설산업은 현장 시공 중심에서 모듈화에 기반한 구매 중심의 프로세스로 변화할 것으로 예상되기에 이에 대한 대응도 준비되어야 한다.

발주자·설계자·시공자 등 전통적인 건설사업 수행 주체들은 단계별로 위험을 전면적으로 부담하는 역할 및 위험 부담 방식이 이제는 사업이 성공을 같이 추가하고 위험을 분담하는 건설사업 발주방식으로 변모하고 있다는 점을 인식하고 대응해 나갈 필요가 있다. 이제 글로벌 건설시장에서 경쟁 대상 사업은 매우 복잡하고, 고난도를 가지는 사업이 주가 되고 있는 상황이다. 이에 따라 발주자는 위험을 분담하는 발주 방식으로 프로젝트관리PM 방식이나 IPD integrated Project delivery 방식을 활용하는 추세가 늘어나고 있다. 국내 건설업체들은 생산성 향상에 기반하여 계획·건설서비스·요소기술을 갖춘 기술기업 등이 협업을 통해 사업을 수행하는 방식에 익숙해져야 하며, 국내 시장에서 이러한 발주방식을 도입하여 경험을 축적해 나가야 한다.

이제 Bectel, flour 등 전통적인 글로벌 건설업체들과 경쟁하던 글로벌 건설시장 환경에 구글, 테슬라와 같은 세계적인 정보통신 플랫폼 업체들이 새로운 경쟁상대로 부각되고 있는 상황이다. 구글의 Sidework labs, 테슬라의 Hyperloop 개발 활동 등은 이제 스마트 건설기술을 확보한 기업이 미래 건설시장을 리딩할 것이라는 점을 보여주는 지표라 할 수 있다. 따라서 국내 건설업체들도 전통적인 건설기술에 다양한 분야의 융합 상품과 서비스를 결합하여 건설시장에 진출해야 할 것이다.

기존의 성과가 스마트 건설기술의 개발 및 보급, 관련 창업 생태계 조성을 위한 기반 마련을 위한 과정이라고 한다면, 앞으로 수행되어야 할 과제는 발굴된 스마트 건설기술의 폭넓은 적용 여건을 조성하고, 혁신역량이 부족한 건설 중소·중견기업의 스마트 건설기술 개발 및 적용 여건을 개선함과 동시에 건설산업 혁신의 출발점이자 두터운 기반이 될 수 있도록 스마트 건설 창업생태계를 견고하게 만드는 것이라 할 수 있다. 이러한 후속조치들은 규제 샌드박스와 함께 지속적인 규제 개선을 추진할 수 있는 토대를 제공할 것이며, 스마트 건설기술을 혁신도구로서 건설산업 체질 개선 및 이미지 제고에 기여할 수 있을 것이다. 그리고 이를 통한 중소기업의 생산성 향상을 도모할 수 있으며, 다양한 제도 및 규제개선 사항을 국토교통부 정책에 반영하여 스마트 건설기술 적용을 확대하고 건설현장의 안전사고 예방을 통해 건설산업의 이미지 제고를 추진하는 기반이 될 것으로 예상된다.

각주

1. 디지털경제지도, 김광석, 2019년
2. shaping the Future of Construction - World Economic Forum Report 2016
3. RICON FOCUS: '디지털 경제' 가속화에 따른 건설산업 혁신 방안, 대한건설정책연구원, 2020. 7에서 재인용
4. Smart Construction Report, 한국건설기술연구원. 2020. 7.
5. Smart Construction Report, 한국건설기술연구원. 2021. 3.
6. '머신 가이던스'는 굴삭기의 붐과 암, 버킷 등 작업부위와 본체에 부착된 4개의 센서를 통해 수집된 작업 정보를 조종석의 모니터를 통해 작업자에게 제공하는 시스템임. 이 시스템을 사용하면 별도의 측량 작업 없이 진행 중인 굴삭 작업의 넓이, 깊이 등 각종 정보를 2센티미터 오차 범위 내에서 정밀하게 확인할 수 있음
7. '머신컨트롤러'는 디지털 센서와 전자유압시스템 등을 통해 굴착기의 자세와 작업지점 등을 실시간으로 운전자에게 알려주고 터파기 작업, 관로 작업, 평탄화 작업 등을 반자동으로 수행할 수 있도록 지원하는 시스템임
8. 스마트 건설 글로벌동향과 사례분석, IRS Global, 2021. 1.
9. 미국에서는 OSC(탈현장, off site construction)라고 표현하며 패널라이징과 볼륨메트릭으로 구분하고 있음. 영국에서는 MMC(Modern Method of Construction)라는 표현으로 다양한 OSC 및 모듈러 기술을 포함하여 정의하고 있음.
10. Smart Construction Report, 한국건설기술연구원. 2020. 8.
11. Smart Construction Report, 한국건설기술연구원. 2020. 9.
12. Smart Construction Report, 한국건설기술연구원. 2020. 12.

참고문헌

Construction Innovation Hub, Four Futures, One Choice, 2020. 11

CDBB, https://www.cdbb.cam.ac.uk/research/digital-twins, 2021. 8

Ernest&Young, Technological advancements disrupting the global construction industry, 2020

EC, Guidance on Innovation Procurement, 2021. 6. 18

HM Goverment, Construction 2025: industrial strategy for construction – government and industry in partnership, 2013. 7

OECD, Public Procurement for Innovation: Good Practices and Strategies, 2017

shaping the Future of Construction - World Economic Forum Report 2016

국가법령정보센터, 대형공사 등의 입찰방법 심의기준, 2021. 8

국토교통부, 스마트 건설기술 로드맵, 2018. 10

대한건설정책연구원, RICON FOCUS: '디지털 경제' 가속화에 따른 건설산업 혁신 방안, 2020. 7

스마트건설사업단 홈페이지, http://smartconstruction.kr/

IRS Global, 스마트 건설 글로벌동향과 사례분석, 2021. 1

e대한경제, 진화하는 K스마트건설, 2021. 3. 2., 2021. 3. 3

한국건설기술연구원 내부자료, 스마트건설지원센터 현황 및 계획, 2021.5

한국건설기술연구원, 스마트건설리포트 1~8호

한국건설기술연구원, 한국판 뉴딜을 위한 스마트 SOC 전략과 과제, 2020. 10

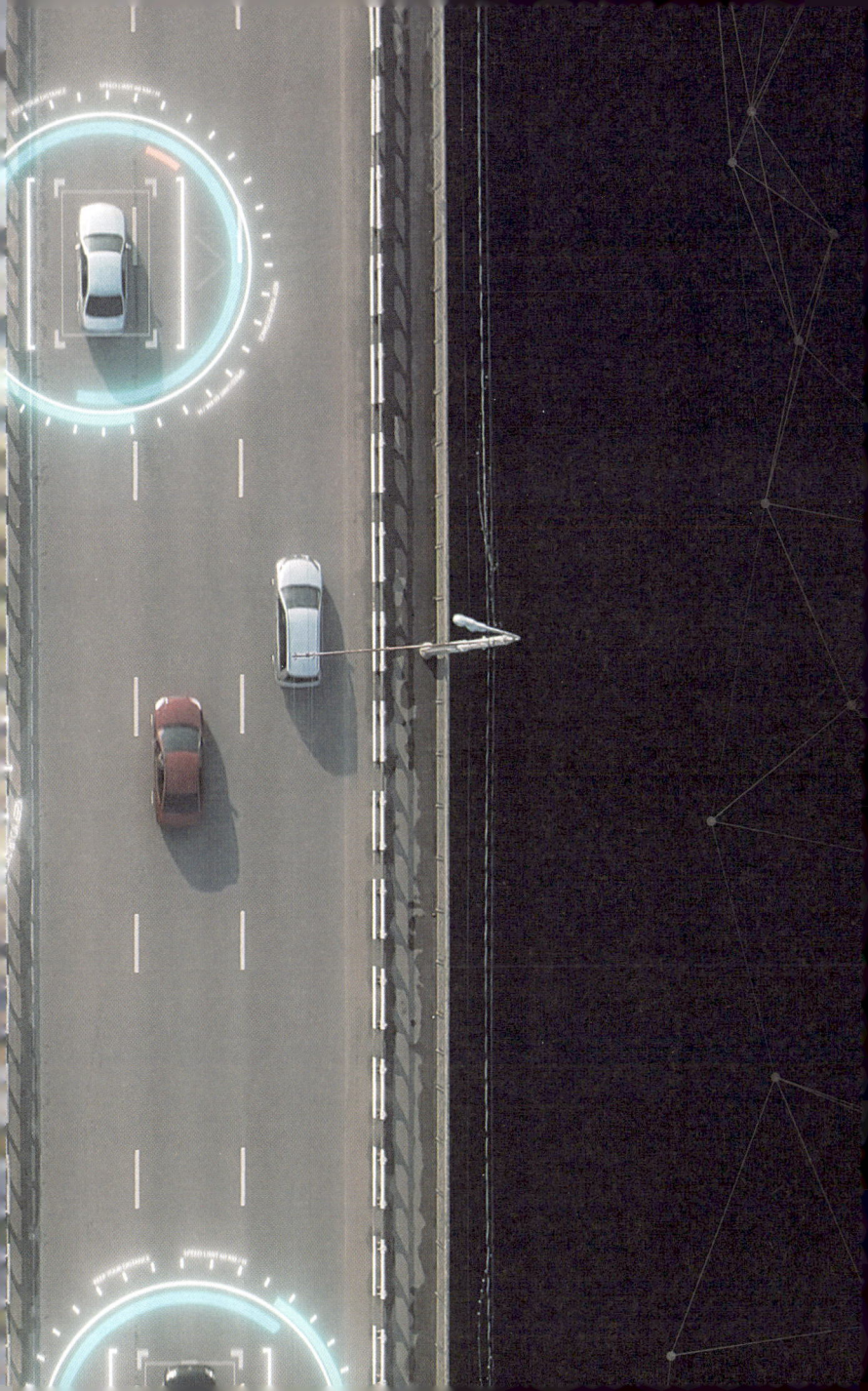

대한건설정책연구원 학술총서
제1권
미래 건설산업의 넥스트노멀 '스마트 건설'

글쓴이
진경호, 박승국

발행인
유병권

발행일
2021년 10월 31일

발행처
대한건설정책연구원
서울시 동작구 보라매로5길 15, 13층
(신대방동, 전문건설회관)
Tel : 02-3284-2600 / Fax : 02-3284-2620

편집제작
(주)사월오일

교정교열
양지선, 엄민용

디자인
김효진

ISBN
978-89-97748-94-5 03540

값
9,000원

Copyright(c) 2021 RICON. All Rights Reserved.
· 이 책은 저작권법에 의해 보호받는 책입니다.(저작권이 협의되지 않은 이미지는 추후 협의하겠습니다)
· 저자와의 협의 없는 무단전재 및 복제를 금지합니다.
· 잘못된 책은 구입한 곳에서 바꿔드립니다.